会问才会学
爱探究的小花栗

主编◎顾文

——记100个小学生自己的科学探究实验

（上册）

华东理工大学出版社
EAST CHINA UNIVERSITY OF SCIENCE AND TECHNOLOGY PRESS

·上海·

图书在版编目（CIP）数据

会问才会学　爱探究的小花栗：记100个小学生自己的科学探究实验/顾文主编. — 上海：华东理工大学出版社，2020.2

ISBN 978-7-5628-6052-5

Ⅰ.①会…　Ⅱ.①顾…　Ⅲ.①科学实验－少儿读物　Ⅳ.①N33-49

中国版本图书馆CIP数据核字（2019）第280623号

策划编辑 / 郭　艳
责任编辑 / 李甜禄　郭　艳
装帧设计 / 戚亮轩
出版发行 / 华东理工大学出版社有限公司
　　　　　　地址：上海市梅陇路130号，200237
　　　　　　电话：021-64250306
　　　　　　网址：www.ecustpress.cn
　　　　　　邮箱：zongbianban@ecustpress.cn
印　　刷 / 上海展强印刷有限公司
开　　本 / 710 mm × 1000 mm　1/16
印　　张 / 12.25
字　　数 / 226千字
版　　次 / 2020年2月第1版
印　　次 / 2020年2月第1次
定　　价 / 108.00元

PREFACE
序

　　现在的孩子们是非常幸福的，生活在物质丰富、安定祥和的社会中，享受着先进的科学技术和良好的人文关怀。然而，好奇依然是孩子们的天性，他们依然会对自己身边的一切产生这样那样的问题。无论是自然的还是人造的，无论是吃穿住行、日常琐碎，还是冬去春来、岁月变迁……这些在孩子们的眼里都有着很多问号。实际上，好奇心一直以来也是推动人类科学技术发展的基础动力，可以说人类的整个知识体系就是在一个接一个的"为什么"被提出、被解决的过程中逐步建立起来的。当然，这一过程中也涌现了无数的科学家和工程师，他们成为构建人类文明的重要力量。

　　因此，通过对孩子们的好奇心加以引导，并且帮助和指导他们采用科学合理的方式方法来回答自己提出的问题，不仅可以充分满足他们的求知欲和好奇心，更为重要的是让他们有能够解决问题的自信从而更加敢于提出问题和思考问题。

　　在华东理工大学附属小学以及华东理工大学出版社的共同努力下，《会问才会学——花栗百问》一书于 2019 年出版。这本书里汇总了学生们提出的100 个问题，涉及面广、趣味性强，学校学生和其家长一起在书中对这些问题进行了回答，还进一步提出了不少扩展性问题，具有很强的启发效果。该书一经出版，获得了非常好的反响，受到了学生以及家长读者的喜爱。

　　这本书的成功也为华东理工大学附属小学的教育工作者们继续探索这一教育模式提供了信心和动力。他们进一步创新开拓，鼓励学生们不断提出问题，并进一步要求采用提出假设并加以验证的方法来寻找答案。这实际上就是在科学研究方法论的教育引导上做出了尝试，是在潜移默化中向学生传递科学思想，并培养学生的科学思维，锻炼其科学技能，具有非常深远的意义！

PREFACE

序

　　现在呈现在大家眼前的，就是由此而形成的花栗百问系列图书的第二部。纵观全书，孩子们提出的问题涉及饮食起居、生活安全、材料用品、医学健康、自然环境、动物植物等诸多方面，真正体现了他们的兴趣之广泛、爱好之全面、观察之仔细、思路之开阔。同时，很多问题在解决过程中也有家长的辅导，大大促进了家长在子女成长，特别是科学素养形成过程中的参与程度。全书内容丰富、图文并茂、生动活泼，读下来让人深受启发，爱不释手！

　　我非常荣幸能为本书做出一些贡献，也非常高兴能为其作序。

龚学庆

华东理工大学教授

2019 年 6 月 27 日

目录 CONTENTS

第一部分　食品科学篇

Ⅰ

CONTENTS

第二部分　安全工程篇

第三部分　材料科学篇

CONTENTS

目录

第四部分　医学健康篇

第五部分　环境科学篇

声　明

　　由于本书中所有的实验探索均由小朋友独立自主完成，并且是真实情况记录，如有偏颇和不妥，欢迎指正。

第一部分

食品科学篇

1. 冷冻的牛排，怎么样解冻又快又好吃？

我怎么会想到这个问题的：

我非常喜欢吃牛排，因为牛排有丰富的营养，对身体好，吃起来需要用力咀嚼，对牙齿也好。市场上在卖的牛排一般有新鲜的和冷冻的，为了方便储存，爸爸妈妈一般都买冷冻牛排，放在冰箱的冷冻室里。但是这就产生了一个问题，就是需要先把牛排解冻了才可以烹饪，这往往要费不少时间。那要怎么解冻才能既快又不影响牛排烹饪后的口感呢？

特别是以前也用过微波炉的解冻功能，但经常控制不好时间，解冻的时候把肉都烧熟了，肯定不好。所以有没有什么在自然条件下解冻的方法呢？

 关于这个问题我的思考是：

思考一

我冬天盖着被子最暖和，那么用厚厚的毛巾把牛排包起来是不是也会让牛排变得暖和从而解冻得比较快？

思考二

最常见的就是把冷冻的牛排拿出来放在空气中自然解冻，那么这种方法到底好不好？解冻到底需要多久？

思考三

我看见厨房里面最常用的就是水，蔬菜瓜果甚至大米都经常放在水里面泡一泡，那么把冷冻牛排放在冷水里面泡着，牛排会不会也很快解冻？

思考四

爸爸告诉我他在美国读书的时候住在新泽西州，那里冬天很冷，经常会下很大的雪，一下雪就可以看到工人在路上撒盐，说是可以加速雪的融化。那么在冷冻牛排表面也撒上盐，会不会使得解冻的速度快起来？

我的验证过程：

以几块统一购买的同一个牌子的冷冻牛排为对象，切成大小相近的四小块（图1-1-1），都放进家里冰箱冷冻室里充分冷冻，取出后迅速采用上面假设的四种可能的方法进行解冻。其中，在尝试第一种方法和第三种方法时，都先用保鲜袋将牛排包好。计算从开始解冻，到完全解冻所需要的时间，判断完全解冻的标准是牛排完全软了，摸不到硬的冰冻的地方。

在第一组实验中，将从冰箱冷冻室中取出的牛排包上保鲜袋，用爸爸妈妈保暖性能很好的羊毛围巾层层包好，再塞进爸爸的帽子里（图1-1-2）。

在第二、三组实验中，将一块牛排放在餐盘上，另一块用保鲜袋包好后放到已经静置一夜的一大盆水中（图1-1-2）。

在第四组实验中，将从冰箱冷冻室中取出的牛排的包装纸撕去，在表面抹上适量的细盐，然后放在干净的盘子里，室温下静置（图1-1-2）。

经过计算，放在水里的牛排完全解冻需要42分钟（图1-1-3），撒了细盐的牛排完全解冻需要52分钟（图1-1-4），空气中的牛排完全解冻需要72分钟（图1-1-5），而用围巾和帽子层层包裹的牛排过了一个半小时还是冻得硬邦邦的（图1-1-6），结果见表1。

图1-1-1　实验前的四块牛排，从左到右分别为第一到第四组

图1-1-2　第一到第四组牛排处理好后开始计时等待解冻

图 1-1-3　第三组牛排最快解冻

图 1-1-4　第四组第二个解冻

图 1-1-5　第二组第三个解冻

图 1-1-6　第一组到最后也没有解冻

表1　各组化冻所需时间

	第一组	第二组	第三组	第四组
所需时间	>1.5小时	72分钟	42分钟	52分钟

我的结论：

　　牛排解冻是需要热量的，并且主要是通过从外界吸收热量来解冻。我们平时盖被子之所以觉得暖和，主要是因为被子能够有效隔热，让我们自己产生的热量不散发出去，积累在被子里面，所以感觉热。但是被子自身不能产生热量，所以用羊毛围巾和羽绒衣包裹的牛排与外界隔绝了以后，反而被"保冷"了，就更不能有效解冻。

　　放在自然空气环境下是一种比较常见的方法，因为室内温度一般都高于冰点，可以帮助牛排解冻。但是，与同样是室温的水相比，空气的密度小很多，还有一种叫热容的物理量也要小很多，因此在相同的时间内空气转移的热量不及水多，这样一来，相同温度的水比空气帮助牛排解冻的效果好很多。

最后，在牛排表面抹上盐以后，盐分可以渗入牛排中，使得牛排内部的冰点降低，也就帮助牛排从结冰的状态快速转变成融化的状态，这和撒盐帮助积雪融化是一个道理。另外，经过品尝，抹了盐以后解冻的牛排似乎肉质更嫩了，口感还更好了！当然，如果用少量盐水浸泡的话，在降低冰点的同时，还可以利用水的密度和热容以及溶解作用，这应该是一个使牛排解冻更快更好的办法！

2018级（5）班　龚弈韬

2. 口香糖为什么不能被嚼烂?

我怎么会想到这个问题的:

　　生活中常常会看到口香糖的广告,许多超市收银台旁的货架上都摆放着各种各样的口香糖,我身边的很多叔叔、阿姨也经常吃口香糖。我第一次吃口香糖,就被它香甜的味道吸引了。爸爸妈妈告诉我,虽然口香糖有清洁口腔及牙齿的作用,但小孩子不宜多吃,可我还是喜欢口香糖清爽又有嚼劲的口感。一般的糖果,像巧克力、棒棒糖等,在嘴巴中很快就会融化或被嚼碎吃完,可口香糖不同于一般的糖果,很长时间也嚼不烂。爸爸妈妈叮嘱我,嚼几分钟后要把口香糖吐到纸上,包起来,然后丢到垃圾桶里,最好不要咽下去。我很好奇,口香糖是用什么做的?为什么口香糖嚼不烂呢?

 关于这个问题我的思考是:

思考一 口香糖是牙膏做的。

　　有些口香糖有略刺激性的口感,很像刷牙时牙膏的味道。广告上说口香糖有清洁牙齿、保持口腔卫生和清新口气的作用,听起来跟牙膏的功能很像,那口香糖是不是用牙膏做成的呢?

思考二 口香糖是淀粉做的。

　　在学校,老师教我们吃饭时要细嚼慢咽,米饭和馒头在嘴里嚼过后有甜甜的味道。百科知识里说,这是因为米饭和馒头中含有淀粉,唾液中的唾液淀粉酶可以把淀粉分解成麦芽糖,而麦芽糖是有甜味的。口香糖也有甜甜的味道,会不会是用淀粉做的呢？

思考三 口香糖是用面筋做的。

　　口香糖在嚼的时候不会粘牙齿，但吐出来后会变得很黏，如果不小心粘在衣服或地面上会很难清理。这让我想起了夏天外公带我去粘知了用的面筋。黏黏的面筋一旦碰到知了的翅膀，就会牢牢地粘在上面，知了便无法逃脱了。那口香糖是不是用面筋做的呢？

思考四 口香糖是橡胶做的。

　　口香糖长时间咀嚼不烂，而且嚼起来很有弹性。生活中很多橡胶制品也有很强的韧性并且非常耐磨，比如我们的鞋底、汽车轮胎、橡胶手套、橡皮、乳胶枕……它们都有很强的弹性。那么口香糖是不是橡胶做的呢？

我的**验证**过程：

　　如图 1-2-1、图 1-2-2，通过口香糖与牙膏对比发现，两者的配料中均含有薄荷成分。薄荷酮及薄荷酯类等会让人有清凉和呛辣的感觉，因此口香糖具有与牙膏相似的味道。但牙膏是柔软的膏体状，而口香糖表面干燥且有一定的硬度，并且牙膏不可以吞咽，因此口香糖不是牙膏做的。

　　如图 1-2-3、图 1-2-4，将口香糖、面筋分别放入水中并搅拌。通过溶解实验发现，口香糖表面的糖类等物质易溶于水，但内层中的类似橡胶物无法溶于水，我们感觉比较甜的原因是因为口香糖含有蔗糖或木糖醇等糖类物质。然而面筋虽然

图 1-2-1

图 1-2-2

也不溶于水，但会分散形成悬浊液。因此，口香糖也不是用淀粉或面筋做的。

查阅资料可知，口香糖是将胶基和甜味剂、乳化剂、香料、抗氧化剂等混合均匀，压制成型后，经过干燥、冷却、老化而成。作为口香糖主要成分之一的胶基则是由橡胶、脂类及填充物等制成，不溶于水，比较耐嚼。

图 1-2-3

图 1-2-4

我的结论：

　　口香糖是以天然橡胶及脂类等制成的胶体为基础，加入糖浆、薄荷、甜味剂等调和压制而成。口香糖久嚼不烂，主要是因为其中的胶体不溶于水，比较耐嚼，所以不易嚼烂。

2018级（1）班　张修齐

3. 消毒柜真的能消灭细菌吗？

我怎么会想到这个问题的：

有一次我要去拿碗盛饭，妈妈说："你拿的碗还没消毒呢！先用这里的吧！"我惊讶地问："饭碗里有什么毒啊？"妈妈告诉我："饭碗里没有毒。'消毒'是把饭碗里的细菌消灭掉哦！不然有害细菌吃到肚子里，肚子容易不舒服哦！"我好奇地看着妈妈，说："这个柜子好神奇啊！它真的能把细菌消灭掉吗？这个柜子是怎么把细菌消灭的呢？"

 关于这个问题我的思考是：

思考一 消毒柜能把细菌病毒消灭掉。

我和妈妈查阅资料，得知"消毒柜是指通过紫外线、远红外线、高温、臭氧等给食具、餐具、毛巾、衣物、美容美发用具、医疗器械等物品进行烘干、杀菌消毒、保温、除湿的工具，外形一般为柜箱状，柜身大部分材质为不锈钢"。我们觉得家里的消毒柜应该能对餐具进行杀菌消毒。

思考二 消毒柜是通过臭氧+紫外线组合消毒的。

爸爸又把消毒柜的说明书找了出来，上面写着我们家里的消毒柜是通过"臭氧＋紫外线组合"进行消毒的。那么什么是臭氧？什么是紫外线呢？它们为啥能消灭细菌病毒呢？

通过查阅资料，爸爸告诉我："紫外线波长在240～280纳米范围内最具杀伤力。

容易破坏细菌病毒中的DNA或RNA的分子结构，造成细胞死亡，达到杀菌消毒的效果（图1-3-1）。尤其在波长为253.7纳米时紫外线的杀菌作用最强。"

"那么臭氧呢？它是什么呀？它是臭的吗？"我的问题一个接着一个。爸爸告诉我："臭氧是有一点腥臭味的气体。它能迅速氧化细菌、真菌、病毒等而达到消毒的效果，并且反应后只剩下氧气和水，是一种清洁的消毒剂（图1-3-2）。"

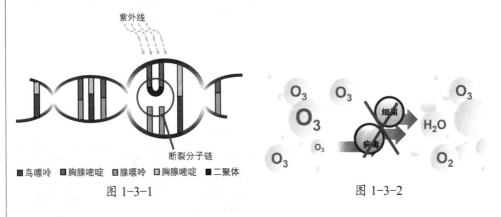

图1-3-1

图1-3-2

思考三 消毒柜20分钟就能完成消毒。

我们阅读了说明书，说明书指出消毒柜一般用20分钟就能完成消毒，45分钟以上消毒可以更彻底。

我的验证过程：

针对思考一和思考二，我们查阅资料，设计了消毒效果的验证实验，验证消毒柜是否具有杀菌功能。具体过程如下：

如图1-3-3，验证中使用汤匙2个，一个用普通自来水清洗未消毒，另一个清洗后消毒60分钟，将两个汤匙分别在含有营养物质的平板上稍用力按一下（图1-3-4），两个平板分别在适宜细菌生长的温度下（37℃）培养15小时，通过比较我们发现在未消毒汤匙按过的平板上长出了细菌菌落，而消过毒的汤匙按过的平板没有长出菌落。

针对思考三，我们查阅资料，设计了大肠杆菌的消毒实验，设置了不同的消毒时间，验证消毒柜的杀菌功能。具体过程如下（图1-3-5）。

验证中使用无菌水和大肠杆菌水溶液，将无菌水和大肠杆菌水溶液放入消毒柜中消毒不同时间后，分别取少量无菌水A、未经消毒的大肠杆菌水溶液B、消毒 20 分钟的大肠杆菌水溶液 C 和消毒 60 分钟的大肠杆菌水溶液 D 稀释 10 万倍后涂布在含有营养物质的平板上，在适宜细菌生长的温度下（37℃）培养 15 小时，分别计数每块平板上的菌落数目。

通过比较我们发现消毒 20 分钟可杀死 78% 的细菌，而消毒 60 分钟的样品即使不稀释也未有菌落生长，说明消毒 60 分钟可将细菌全部杀死。

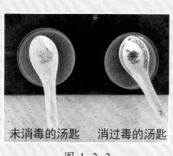

未消毒的汤匙　　消过毒的汤匙

图 1-3-3

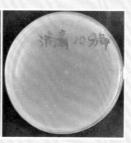

图 1-3-4

（a）准备样品

（b）消毒柜消毒

（c）样品涂布平板

（d）平板培养

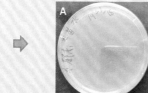

（e）菌落数为0个

（f）菌落数为118个

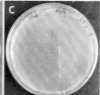

（g）菌落数为27个

（h）菌落数为0个

图 1-3-5　培养菌落计数

我的结论：

消毒柜确实可以将餐具上的细菌有效杀掉，而且消毒时间在 1 个小时以上时效果更彻底。

2017级（4）班　马郁东

11

4. 纯牛奶和酸奶的营养有什么不一样?

我怎么会想到这个问题的:

我很喜欢喝酸奶,它是以牛奶为原料,经过巴氏杀菌后再向牛奶中添加有益菌(发酵剂),经发酵后,再冷却进行灌装的一种牛奶制品。一些文献资料显示酸奶作为食品至少有 4 500 年的历史,游牧民族装在羊皮袋里的奶经过依附在袋里的细菌自然发酵而成为奶酪,将其倒入煮过的奶中就成为酸奶。

目前常见的酸奶制品多以凝固型、搅拌型和添加各种果汁果酱等辅料的果味型为主。有人说酸奶不但保留了牛奶的所有优点,而且经过加工还扬长避短,成为更加适合于人类的营养品。是不是这样一回事? 怎么证明这一点呢?

既然酸奶是由牛奶经过发酵制得,那么由常见的一些纯牛奶制得的酸奶是否都具有同样的营养价值呢?

 关于这个问题我的思考是:

思考一 市售的纯牛奶都是经过加工处理后的牛奶,如果纯牛奶本身的蛋白质、氨基酸等营养成分的含量有较大差别,是否会影响自制酸奶营养成分的含量?

解决这个问题的办法是选用两种价格相同或接近的牛奶作为原料奶,进行实验验证。

思考二 如果原料奶对自制酸奶的成分有影响,这个影响可以通过什么方法检测出来?

通过查阅相关的文献资料得知,酸奶的营养成分和口感主要取决于蛋白质、氨基酸和糖分,我们可以通过测定这些成分来进行分析对比。查阅资料发现对这些成分进行分析的方法有很多,我们选择简单易实现的方法进行分析测试。

思考三 如果原料奶会对自制酸奶成分有影响,那么哪种原料奶制出来的酸奶会比较好?

现在市面上纯奶种类非常多,各种营养成分含量也不同,那以这些纯奶制作出来的酸奶成分和口感理论上也应该有所不同,使用哪种原料奶会制作出比较好的酸奶呢? 需要设计一个实验,通过实验结果来确认。

我的验证过程：

首先，购买价格一样的两种纯牛奶：A 和 B，价格均为 32 元 / 箱，规格均为 12 袋 / 箱。接下来查阅相关自制酸奶的资料，找到一个自制酸奶的方法。酸奶制作过程如图 1-4-1：先对制作酸奶的带盖玻璃瓶加热煮沸 5 分钟灭菌消毒，冷却至室温，称取玻璃瓶质量后，分别加入 0.5 克菌种、100 克纯奶 A 和 0.5 克菌种、100 克纯奶 B，搅拌均匀后拧紧瓶盖，放入恒温培养箱中（40 ~ 45 ℃）发酵 6 小时，然后取出，放入冰箱中冷藏过夜，进一步发酵。最后，取出酸奶进行品尝，并制备分析测试样品，进行蛋白质、氨基酸以及糖分的测定。

如图 1-4-2 所示，发酵后蛋白质的含量降低，纯奶 A 降低的幅度大于纯奶 B，这说明纯奶 A 中的蛋白质更容易被乳酸菌发酵分解。

如图 1-4-3 所示，虽然两种纯牛奶的氨基酸态氮含量基本相同，但酸奶 B 比酸奶 A 含有更多的氨基酸态氮。两种酸奶中的氨基酸含量都高于纯牛奶，说明发酵过程中蛋白质被分解为氨基酸、乳酸等更易被人体消化和吸收的小分子物质。

如图 1-4-4 所示，无论对于纯牛奶还是发酵后的酸奶，B 中的总糖含量均高于 A。虽然发酵后总糖含量比纯奶有明显的升高，但是所制作的酸奶品尝起来发酸，需要添加糖分改善口感，主要原因是发酵过程中 20% 的蛋白质被分解成为氨基酸、乳酸等多种酸性物质，所以口感发酸。

（a）消毒灭菌

（b）贴标签

（c）对纯牛奶接种

（d）恒温发酵

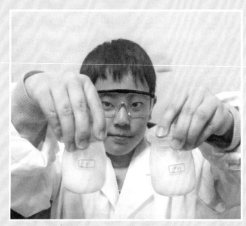

（e）发酵完成

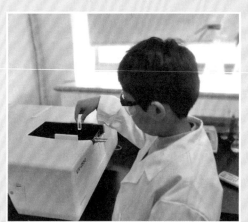

（f）分析成分

图 1-4-1　酸奶制作过程

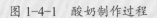
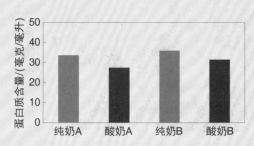

图 1-4-2　纯牛奶与自制酸奶的蛋白质含量

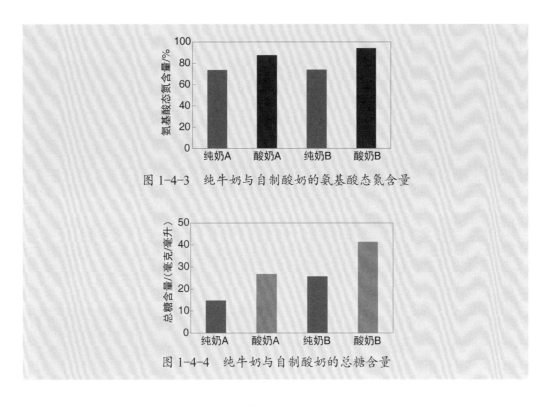

图 1-4-3　纯牛奶与自制酸奶的氨基酸态氮含量

图 1-4-4　纯牛奶与自制酸奶的总糖含量

我的结论：

　　该实验表明，在同一种发酵剂的作用下，由不同原料纯奶制得的酸奶的蛋白质含量、氨基酸态氮及总糖含量是不一样的。在使用本实验的发酵剂的情况下，酸奶 B 更具营养价值，但是发酵后酸奶口感很酸，需要添加糖分来改善。

2017级（4）班　田昊宸

5. 汤圆煮熟了为什么会浮起来?

我怎么会想到这个问题的:

在过年的时候,特别是在正月十五元宵节的时候,我们中国人的餐桌上总少不了汤圆(南方人叫汤圆,北方人叫元宵)。我们家吃的汤圆是由糯米粉做成的球状面食,里面有用黑芝麻、糖和猪油做的馅料。由于我和弟弟特别喜欢吃汤圆,妈妈在平时还会时不时地给我们煮汤圆吃。

在妈妈煮汤圆的时候,我发现汤圆刚放进锅里的时候,会沉在锅底,等过了一会儿,当它们浮在水面上时,妈妈就会说:"汤圆熟了。"这是为什么呢?

 关于这个问题我的思考是:

思考一 汤圆的沉浮是受到了浮力的影响。

物体在水中会沉下去和浮起来是受了物体自身重力与水对物体的浮力的影响。

重力是什么?重力是物体由于地球的吸引而受到的力,重力的方向是竖直向下的。

浮力是什么?浮力是液体对浸在其中的物体向上的作用力,浮力的方向是竖直向上的。

思考二 汤圆的沉浮是受到了密度的影响。

所有物体都有密度。两个同样体积的物体比质量,哪个更重,哪个的密度就大。

举例:相同体积的铁块和棉花块,铁的质量大,所以铁的密度大。如果把相同体积的铁块和棉花放在水里，铁块下沉，棉花浮在水面上。也就是说，棉花的密度小于水的密度，而铁块的密度大于水的密度。

思考三 汤圆的沉浮遵循潜水艇原理。

同一个空心物体，如果向内部加空气，因为加入的空气使物体体积变大，加入的空气质量却可以忽略不计，所以物体的平均密度变小，也就是密度变小，原来沉在水底的物体，就会浮到水面上。反之，如果放出空气，体积变小，质量改变不大，平均密度就增大，原来浮在水面的物体就会沉到水底。这就是潜水艇原理。

我的验证过程：

实验一：鸡蛋的沉浮。

图 1-5-1，生鸡蛋放入一杯清水中，鸡蛋沉入水底。鸡蛋自身密度大于清水的密度，受到的重力影响大于受到的浮力影响，鸡蛋沉到水底。

图 1-5-2，不断加盐搅拌，约 40 勺后，鸡蛋浮上水面。加盐后的水溶液密度变大，鸡蛋密度没有变化，鸡蛋密度小于盐水密度，这时候受到的浮力影响大于受到的重力影响，鸡蛋逐渐浮出了水面。

实验二：空心球体的沉浮，即潜水艇的沉浮。

图 1-5-3，带气泵的空心玻璃球体，放在水中，观察到球体浮在水面上。空心球体自身密度小，受到的浮力影响大于受到的重力影响。

图 1-5-4，不断用针筒抽气，使球体内空气减少，水进入了球体，球体质量因此增大，密度也就变大，球体受到自身重力的影响大于受到的浮力影响，这时可以观察到球体逐渐下沉到底部。

图 1-5-5，等球体沉到水底，再次不断用针筒打气，使球体内空气增加，水被排出球体外，质量因此减轻，密度也就变小，球体受到的浮力影响大于自身重力影响，这时可以观察到球体逐渐上浮到水面。

实验三：煮汤团。

图 1-5-6，三个生汤圆放在一锅冷水中，用火煮。

观察到生汤圆沉在水底。这时候可以判断：汤圆自身密度大于水的密度，受到的自身重力的影响大于受到的浮力影响，汤圆沉在水底。

图 1-5-7，煮开后，汤圆浮上水面。

这时候可以判断：煮熟的汤圆糯米球内空气受热膨胀使它的体积变大，质量变化不大，则自身平均密度变小，密度小于水的密度，这时候浮力大于重力，汤圆就浮出了水面。

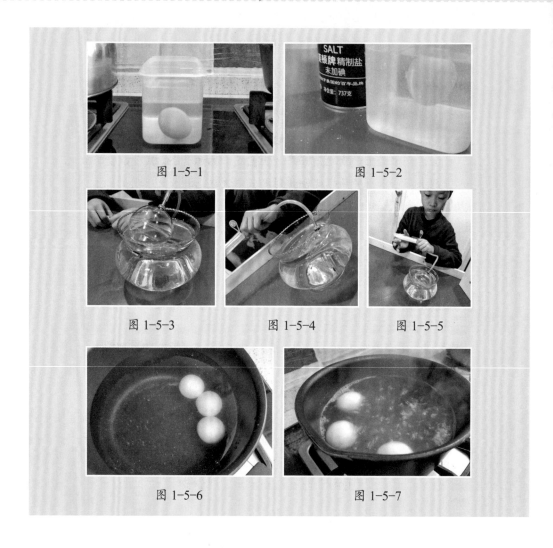

图 1-5-1   图 1-5-2

图 1-5-3   图 1-5-4   图 1-5-5

图 1-5-6   图 1-5-7

我的结论：

三个实验中的汤圆、鸡蛋和空心玻璃球的沉浮都是受到了浮力和重力互相作用的影响。煮熟的汤圆、浸在浓盐水中的鸡蛋和浮在水面上的空心球体都是因为相对密度较小，受到的浮力大于自身重力的影响，所以浮在了水面上。生汤圆、清水中的鸡蛋和沉在水底的空心球体都是因为相对密度较大，所以受自身重力的影响大于受到的浮力影响，沉到了水底。物体受到的浮力大于自身的重力，物体就可以浮起来，煮熟的汤圆会浮起来就是因为浮力在帮忙啊！

2016级（2）班　唐晏卿

6. 糯米是怎么变成酒酿的，酒酿里的菌群对人体有什么好处？

我怎么会想到这个问题的：

外婆经常给我们做酒酿，我特别喜欢吃酒酿。有一次外婆在做酒酿的时候，我在边上观察外婆做酒酿的步骤。外婆先把浸了一晚上的糯米隔水蒸熟，然后用凉开水冲洗糯米，等糯米冷却后拌入酒曲，再放入米酒机容器里压实，最后用小勺子在糯米的当中挖了个见底的圆柱体小洞。放入米酒机，再等36个小时，美味的酒酿就做好了。

外婆告诉我，做酒酿的步骤都很有讲究，其中只要有一步失误，做出来的酒酿就不好吃了。妈妈小时候也经常吃外婆做的酒酿，那时候没有专用的机器，就用热水袋捂住酒酿，再用被子裹好。当初条件有限，温度难掌控，温度高了酒酿就馊了，温度低了，酒酿就不甜。刚做好的酒酿，要放入冰箱冷藏保存。最佳食用时间是做好后再放两天，这个时候酒酿甜度饱满，香气轻柔，甜糯可口，具有很高的营养价值。外婆经常做酒酿水扑蛋、酒酿小圆子给我吃，酒酿还可以用来做调料，烧菜的时候放一点，味道很可口。

关于这个问题我的思考是：

思考一 每次外婆都是用糯米做酒酿的，如果改用小米、薏米、大米做酒酿，口感上会有什么区别？

网上查阅资料显示，支链淀粉含量越高的米，做出来的酒酿甜度就越高。把小米、薏米、糯米、大米打磨成粉，用碘酒测试淀粉含量。支链淀粉遇碘酒显紫红色。

思考二 正常酒酿的发酵过程是36小时，如果发酵过程延长，成品会是什么样子？

家庭讨论结果：

我的猜想：这么长时间，酒酿肯定馊掉了。

妈妈的猜想：延长了制作时间，甜度也加倍，更加好吃了。

外婆的猜想：酒酿变成酒了。

思考三 农民伯伯蔬菜水果大丰收，但实际供大于求，很多新鲜蔬果滞销，只能腐烂在土壤里，食品生产厂家能否从农民这里把蔬果收购去，做成酒酿混合蔬果汁，营养价值更高？

很多水果甜度不高，偏酸，口感不佳，加入甜酒酿打成混合果汁，口感怎样？比如橙子酒酿汁、苹果酒酿汁、胡萝卜酒酿汁等。

我的验证过程：

针对思考一，查阅文献，咨询老师得出结论。

本次实验使用的是安琪甜酒曲，它的主要成分是根霉菌，另有少量的酵母菌。发酵过程分两步：1. 根霉菌产生糖化淀粉酶，可分解已切成小段的短淀粉链，产生水解的葡萄糖和果糖；2. 酵母菌利用根霉糖化淀粉所产生的糖酵解为酒精。由此得出，淀粉含量越高，产生的糖度也越高，做出来的酒酿也越甜。糯米中支链淀粉含量高达98%，是几个米种中含量最高的，相对其他几个样本，甜度也最高。

如图1-6-1，用碘酒测试支链淀粉含量，结果糯米呈紫红色，薏米颜色最淡。

针对思考二，延长发酵时间。

糯米中含有淀粉，淀粉经酒曲中的糖化酶作用变糖，糖被酵母菌转化成乙醇——酒。米酒在发酵时，这两个过程是混合进行的。发酵1~2天以糖化为主，酵母在繁殖时产生少量的乙醇。第三

图1-6-1

天开始酵母繁殖旺盛，大量的糖被消耗掉并且产生大量的乙醇（图1-6-2）。米酒由甜酸逐步变味成酸苦（图1-6-3）。发酵5~7天酒精发酵结束，淀粉和糖基本消耗，米酒的甜味没有了，转化为了酸味和酒味。

针对思考三：制作酒酿混合果汁。

糯米经过酿制，富含碳水化合物、蛋白质、B族维生素、矿物质等，营养成分更易于人体吸收，是中老年人、孕产妇和身体虚弱者补气养血之佳品。

多吃水果蔬菜能够保养皮肤、减缓衰老、预防疾病、降低血压、增进消化、

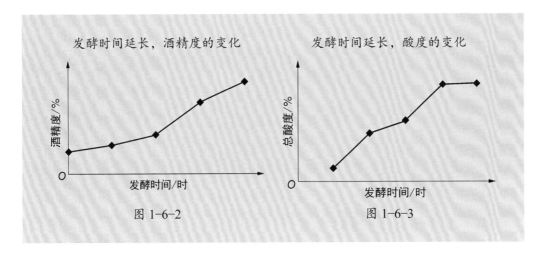

发酵时间延长，酒精度的变化

发酵时间延长，酸度的变化

图 1-6-2

图 1-6-3

改善心肌功能，对人体内酸碱平衡起到调节作用。

两者加以混合，做成蔬果酒酿汁，味道还真不错，我个人喜欢苹果酒酿汁。

酒酿属温热性，搭配水果来吃，营养十分丰富，味道也会柔和很多，不会甜得发腻，更能刺激消化腺分泌、增进食欲、有助消化。非常有利于提神解乏、解渴消暑，还能促进血液循环、红润肤色。经常吃一点儿，人也会变得越来越漂亮。

我的结论：

通过研究酒酿的酿造过程，我了解了古代酿酒的历史。"酸酒如齑汤，甜酒如蜜汁"说的就是酒酿的酿造。古人知道谷物里富含淀粉，必须先转化成糖，才能转化成酒。于是先人们创造性地发明了中国酒独有的发酵物——"酒曲"。中华酿酒文化就在米香中越酿越精了。现代人发明了酒酿机，保证米在发酵的过程中有好的环境，有适合酵母菌生长的温度，保证酿造的成功率。

酒酿中含有的氨基酸种类非常多，有 10 多种，其中有 8 种是人体不能合成但又必需的。酒酿还能够促进肠道内的菌群的平衡，促进胃肠的蠕动，改善消化系统，经常饮用酒酿还能够提高高密度脂蛋白的含量，减少脂类在血管内的沉积，对降血脂、防治动脉硬化有帮助。总之，酒酿是一种健康食品。

2016级（2）班 黄安淇

21

7. 臭豆腐发霉了为什么可以吃？

我怎么会想到这个问题的：

很小的时候，爸爸就告诉我，东西发霉是一种叫"霉菌"的微生物引起的。发霉的结果会导致很多食物发生奇怪的变化：食物的表面会长出白色、棕色、黑色等各种颜色的毛茸茸的东西。有的时候外表看上去还黏黏糊糊的，食物的味道变得发苦发臭。另外，食物也会失去原有的韧性和弹性，不小心吃到嘴里会觉得既难受又恶心。更可怕的是，爸爸说发霉的食物千万不要吃！因为里面有许多对人体有害的物质，吃下去会导致我们生病，严重的话还会导致我们得癌症。所以，我一直认为发霉是非常可怕的，所有发了霉的食品一定都不能吃。有一天，我看到妈妈买回很多臭豆腐要做给我们吃，还说臭豆腐可是一种美食，之所以很"臭"，是因为豆腐长霉后发生了口味和外观上的变化。我就不理解了，霉不是有害吗？为什么臭豆腐里的霉就可以吃呢？

关于这个问题我的思考是：

思考一

霉菌从哪儿来的呢？我们生活的环境中，霉菌无处不在。它们往往能形成长长的菌丝体，在很多物品上长出一些肉眼可见的绒毛状、絮状或蛛网状的菌落，那就是霉菌。霉菌又能以孢子的形式飘浮在空气中。一般来说，潮湿、缺少通风和日晒会加速霉菌的生长。温度在25～30℃，湿度在80%以上，氧气充足，霉菌便会生长繁殖。所以我们吃的各种食物以及我们生活中用到的衣裤、鞋袜、毛巾、床单等，如果晒不到阳光，再加上环境潮湿，都会有霉菌大量繁殖。

思考二

霉菌未必都是有害的。通过进一步查阅，我认识到原来霉菌在我们生活中无处不在，不仅会导致食物发霉，还能感染人体，所以很多人都认为霉菌全部都是"坏家伙"。但实际上，霉菌作为大自然中的一类微生物，大多数对人类是有益的，它们是自然界重要的有机物分解者，在维持生态平衡方面发挥着重要作用。霉菌还是我们人类最早认识和利用的微生物，如今很多种类型的霉菌被应用于工业领域造福人类。

思考三

既然霉菌是一种可以生长繁殖的微生物，它们又有许多不同的种类，有"好家伙"，也有"坏家伙"，那么是否可以通过什么办法抓到它们，然后再把它们养大，从而看看这些不同种类的霉菌在颜色、大小和气味上有什么不同？这样就可以展示出引起"发霉"这一现象的霉菌其实有着不同的种类，它们不仅在外观上不一样，而且能导致食品发生不同的变化——"有害"或"有益"。同时，我们也可以在显微镜下看看它们的形态。因此，我需要借助实验来获得答案！

 我的**验证**过程：

（a）涂抹臭豆腐，采集表面的"好家伙"　（b）涂抹有些发霉的黄豆，采集表面的"坏家伙"　（c）把采集的液体接种到霉菌测试片上培养

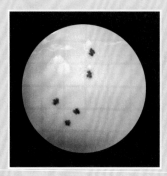
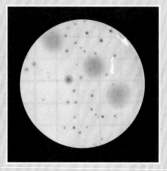

（d）培养出来的"好霉菌"　　（e）培养出来的"坏霉菌"

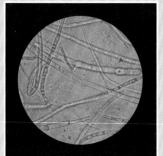

（f）将霉菌置于显微镜下观察　　（g）显微镜下的霉菌菌丝

图 1-7-1　实验过程

我的结论：

　　通过本次实验，我们分别从臭豆腐和发霉的黄豆中分离出了相应的霉菌，并通过微生物测试片将它们培养出来。通过对测试片上霉菌菌落的观察，我发现两种霉菌的形态和颜色有很大区别，"好家伙"呈现出墨绿色，且没有呈现出很大的扩散区域；而"坏家伙"则呈现出蓝绿色，同时菌落向四周扩散，像一个大大的干燥的霉斑。

在显微镜下，我看到了非常明显和清晰的霉菌菌丝和散布在四周的孢子，它们还在镜头里微微游动呢！这些"好家伙"和"坏家伙"都是存在于我们生活环境中的微生物，但由于种类的不同，它们呈现出不同的特征，并且决定了对人体有益或有害。

2016级（2）班　朱思劼

8. 用什么方法可检测出食物中是否含有淀粉?

我怎么会想到这个问题的:

我奶奶患糖尿病多年,平常一直服用降血糖的药物,最近按原来的剂量服用药物但是血糖检验结果还是偏高。医生说奶奶的饮食没有控制好,糖尿病治疗最重要的一条是饮食控制——管住嘴。血糖是从哪里来的?是糖和淀粉(统称为碳水化合物)带来的。摄入的碳水化合物总量越大,产生的血糖就越多。所以,控制血糖的第一个关键点,就是不要吃过多的甜食

和淀粉类食物。糖尿病患者除了控制对糖的摄入量以外,还要限制自己少吃一些淀粉类的主食,如果进食了含有淀粉的食物,都要相应扣减主食的量,保证一餐当中碳水化合物总量不过多。那么用什么方法可检测出食物中是否含有淀粉呢?我查阅资料找到了一种简单的办法,用碘剂可测出食物中是否含有淀粉,于是我决定亲自试验一次。

关于这个问题我的思考是:

思考一 不同食物与碘液接触后会呈现不同的颜色,不含淀粉的食物与碘液接触后呈现出碘液本来的棕黄色,含淀粉的食物与碘液接触后会呈现出蓝色或紫色。

淀粉是由 α–葡萄糖分子缩合而成的长长的螺旋体,每个葡萄糖单元都仍有羟基暴露在螺旋体外。碘分子跟这些羟基作用,使碘分子嵌入淀粉螺旋体的

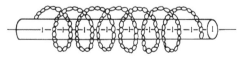

图 1-8-1　淀粉和碘的包合物

轴心部位。碘跟淀粉的这种作用叫作包合作用,生成物叫作包合物(图 1-8-1)。淀粉与碘生成的包合物的颜色跟淀粉的聚合度或相对分子质量有关。在一定的聚合度或相对分子质量范围内,随聚合度或相对分子质量的增加,包合物呈现出不同的颜色。

思考二 用有效碘含量为0.5%的碘消毒液来检测效果好，还是用稀释后有效碘含量更低的碘液效果更好？

分别用有效碘含量为0.5%的碘液和有效碘含量为0.1%的碘液在相同的食物上进行实验，再观察两者之间的差异。

思考三 是在食物加热后检测效果好，还是在食物冷却后效果更好？

用棉签蘸取有效碘含量为0.5%的碘液，分别滴在热米饭和冷却后的米饭上，再观察两者之间的差异。

 我的验证过程：

材料准备：

16种日常的食材：米饭、面包、生三文鱼片、西芹、凉薯、虾片、香肠、玉米、绿叶菜、杏仁、腰果、香梨、苹果、地瓜粉、草莓、胡萝卜。药店购买的安尔碘消毒液，加水稀释后的碘液，棉签。

实验方法：

1. 用棉签蘸取有效碘含量为0.5%的碘液，滴在准备好的每种食物上，观察不同食物颜色的差异。

2. 用棉签蘸取有效碘含量为0.1%的碘液，滴在每种食物上，与第一步中相同的食物比较颜色差异。

3. 用棉签蘸取有效碘含量为0.5%的碘液，分别滴在热米饭和冷却到室温的米饭上，观察食物颜色的差异。

实验结果：

1. 淀粉是一种高分子化合物，淀粉与碘剂反应会发生包合反应，生成一种包合物（碘分子被包在淀粉分子的螺旋结构中）。淀粉与碘生成的包合物的颜色跟淀粉的聚合度或相对分子质量有关。在一定的聚合度或相对分子质量范围内，随聚合度或相对分子质量的增加，包合物呈现出不同的颜色。如图1-8-2，不含淀粉的食物（香梨、苹果、草莓、生三文鱼片）与碘液接触后呈现出碘液本来的棕黄色，含淀粉的食物与碘液接触后会呈现出蓝色（凉薯、玉米）或紫色（虾片、地瓜粉、面包）。

2. 在实验中，我还发现淀粉遇碘液的显色深浅还与碘液的浓度有关，如图1-8-3、图1-8-4，有效碘含量为0.5%的碘液比有效碘含量为0.1%的碘液反应更灵敏，颜色更深。

3. 如图1-8-5、图1-8-6，滴在冷却后的食物上的效果比滴在加热后的食物上的效果更好。因为加热会破坏淀粉的螺旋结构，从而导致颜色消失或变浅。

图 1-8-2　不同食物与碘液接触后会呈现不同的颜色

图 1-8-3　0.5% 的碘液进行实验

图 1-8-4　0.1% 的碘液进行实验

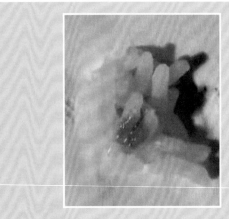

图 1-8-5　将 0.5% 的碘液滴在热米饭上　　图 1-8-6　将 0.5% 的碘液滴在室温下的米饭上

我的结论：

将有效碘含量为 0.5% 的普通消毒碘液滴在冷却到室温的各种食物上会呈现出不同的颜色变化，不含淀粉的食物与碘液接触后呈现碘液本来的棕色，含淀粉的食物与碘液接触后会呈现出蓝色或紫色。这种显色反应的灵敏度很高，可以用来鉴别食物中是否含有淀粉，为糖尿病人的饮食提供参考。

2016级（4）班　喻紫琦

9. 马铃薯发芽后还可以吃吗?

我怎么会想到这个问题的:

年前奶奶买了很多蔬菜储备在家里过年用,如马铃薯、萝卜、大白菜等,我们旅游回来后发现马铃薯(也就是俗称的土豆)发芽了,还有的马铃薯的表面一边是青绿色,一边是土黄色。奶奶说不能吃了,马铃薯发芽后就有毒,只能全部丢掉。其他蔬菜都没有发生变化,为什么马铃薯长芽了呢? 我发现放马铃薯的地方阳光充足,被阳光直射的马铃薯有些已经长芽了,尤其是接近窗口的地方,芽就会很多。但是照不到太阳的地方,马铃薯只出现了青黄的颜色,还没有发芽。难道这些要全部丢掉吗? 没有发芽只是出现颜色的变化时会不会也可以食用? 为什么马铃薯发芽就不能吃了呢? 它产生什么毒素呢?

带着这些问题我查阅了资料,原来马铃薯在储藏期间,存放时间长、温度较高、有阳光直射到马铃薯的表面都可能促使马铃薯长芽。发芽时,在出芽的地方会产生一种叫龙葵碱的毒素,这是一种生物碱,如果不小心摄入少量,会出现头晕、呕吐等症状,如果摄入了大量龙葵碱,会产生食物中毒。那如何检测出马铃薯中龙葵碱的含量呢?

关于这个问题我的思考是:

思考一

马铃薯发芽部位产生一种毒素叫龙葵碱,用什么方法能检测这种毒素呢? 听爸爸说这是个化学问题,需要查查资料,看看龙葵碱和什么化学物质在一起会发生化学变化。

思考二

在我观察马铃薯发芽时发现,马铃薯是椭圆形,有些被阳光直射的地方已经发芽了,但是其他部位还是完好的,如果把发芽的地方全部切掉,剩下的马铃薯还可以食用吗?

思考三

我看到奶奶做马铃薯的菜时，会把马铃薯洗干净切块，用水煮或者用油炸，还在烹饪过程中再加一点醋，如果把发芽部位的马铃薯煮熟以后，还有这种毒素吗？我们还可以食用吗？

思考四

马铃薯已经长芽了，那如果储存时间再久一点，发芽的马铃薯中的毒素含量是否会增多呢？在这个储存的过程中，马铃薯的发芽过程还在继续，有些部位随着时间的增加，会冒更多的芽头，毒素的毒性是不是也越来越强？这个假设需要通过实验结果进行解答。

我的验证过程：

首先，我查阅了大量的资料，发现龙葵碱是一种生物碱，可以溶于水，遇到醋酸非常容易分解，它同时还可以与浓硝酸发生氧化反应，出现颜色的变化。但是爸爸告诉我浓硝酸是危险化学品，不容易获得。怎么办呢？我找到好朋友高亦晟，让他一起想想办法，出出主意。最后我们在高爸爸的帮助下，可以做用浓硝酸检测龙葵碱的实验。我们准备了发芽的马铃薯和不发芽的马铃薯（图 1-9-1），向实验室出发了。

道路千万条，安全第一条。进入实验区前高爸爸对我们两位小实验员进行了实验室安全教育。进入实验室后，我们先把手洗干净（图 1-9-2），防止手上的物质影响实验的结果。接着把发芽和没发芽的马铃薯切片放在托盘中（图 1-9-3），戴好手套，再用滴管把浓硝酸分别滴在马铃薯的切片中

（图 1-9-4）。

我们等待了 1 分钟以后，发现发芽马铃薯的出芽部位慢慢出现了淡粉色，没发芽的马铃薯切片没有颜色的变化。我们在发芽的马铃薯中靠近没发芽的部位又切一块，重复以上的步骤，在 1 分钟后发现微微变色。

实验还没有结束，我们又把发芽马铃薯和没发芽马铃薯重新切片，分别切成 2 份，用煮和炸的方法烹饪 6 分钟，直到熟透。再用浓硝酸分别滴入这 2 份切片中（图 1-9-5），1 分钟以后，我们发现 2 个马铃薯的没发芽部位都没有什么颜色变化（图 1-9-7），但发芽部位的马铃薯切片出现了淡淡的粉色（图 1-9-8）。

最后我们把已经发芽 7 天的马铃薯进行切片，滴入浓硝酸（图 1-9-6），发现芽头越多的地方，颜色变化会深一些，接近芽头的部位呈粉红色。

图 1-9-1　发芽马铃薯和不发芽马铃薯

图 1-9-2　实验前进行洗手准备

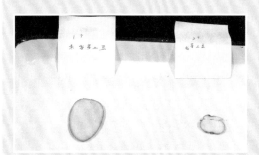

图 1-9-3　发芽土豆切片和不发芽土豆切片

图 1-9-4　实验中需要使用的浓硝酸

图 1-9-5　徐一璋给出芽切片滴入浓硝酸

图 1-9-6　高亦晟给出芽 7 天的切片滴入浓硝酸

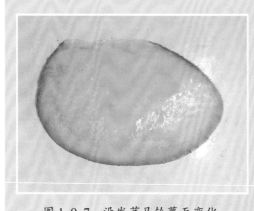

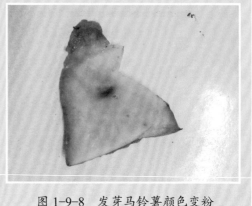

图1-9-7　没发芽马铃薯无变化　　图1-9-8　发芽马铃薯颜色变粉

我的结论：

经过几轮实验后，我们发现，发芽的马铃薯靠近出芽部位含有大量的龙葵碱，绝对不可以食用。同一个发芽的马铃薯没出芽的部位，含有的龙葵碱含量较少，但从健康角度来说，也是不建议食用的。经过煮和炸的方法加工的发芽马铃薯切片，检测到其中还是含有少量的龙葵碱，就算是高温的煮和炸也不能够去除发芽马铃薯中的毒素，更加验证了发芽马铃薯不能够食用的说法。储存时间的加长，也会使出芽马铃薯的毒素增加，尤其是靠近出芽的部位，出芽的芽头越多，含有的龙葵碱毒素就会越大。请大家一定要注意，直接切除出芽的部位继续食用发芽的土豆，会造成不同程度的中毒现象。同学们也要把这个实验的结果告诉长辈们，让他们在购买挑选马铃薯时，尤其要注意表皮颜色的变化和出芽的情况。

安全提示：由于在实验的过程中要使用浓硝酸，请不要模仿文中涉及的实验操作，请在专业人士或者家长的陪同下做这个实验。

2016级（5）班　徐一璋　高亦晟

10. 日常生活中，如何快速简单地比较食品中维生素C的含量？

我怎么会想到这个问题的：

日常生活中，适当地摄入维生素C含量较高的食物，对身体健康非常有益。我曾在一本书中读到：过去水手们在航海时，因长期吃不到新鲜果蔬，会出现牙龈出血、黏膜出血等现象，这就是我们所说的"坏血病"，这是由于维生素C缺乏造成的。电视节目以及很多功能饮料、各种蔬菜水果的包装都在宣传维生素C对我们身体健康的重要性；平时感冒或者有感冒症状的时候，医生也会建议多吃富含维生素C的食品等。

平时我们接触到的水果、蔬菜种类繁多，还有五花八门的维生素C功能饮料，这些食物的口感、味道各不相同，而且价格差别也很大。那么，当我们需要补充维生素C的时候，应该选择哪种食品更加有效呢？有没有什么快速而且简单的方法帮助我们判断呢？

在一次自然课上，老师给我们介绍了用于检测溶液酸碱度的pH试纸，使用简便。受此启发，我想发明一种维生素C试纸，用来检测不同果蔬、饮料等食品饮品中的维生素C含量。

 ## 关于这个问题我的思考是：

思考一

不同果蔬中的维生素C含量可能没有明显的区别。解答这个问题需要查阅资料，了解相关研究结果。

思考二

如果不同果蔬中的维生素C含量有明显的不同，就需要检测其含量进行选择。解答这个问题需要查阅资料，搜索可以用来作为显色试剂的物质。

思考三

如果采用查到的某种显色试剂制作试纸，不同含量的维生素C是否可以引起试纸颜色的明显变化？

思考四

　　如果可用自制的试纸进行果蔬中维生素C含量的检测，那么哪种果蔬维生素C含量最高？

我的验证过程：

　　硫氰酸铁是一种安全无毒的化学物质，溶解在水中呈血红色，它可以和维生素C发生化学反应，使得溶液颜色发生由深到浅的变化，实现对维生素C含量的检测。实验选用层析滤纸浸泡在硫氰酸铁溶液中，干燥后制得维生素C检测试纸，用于某些食品中维生素C含量的检测。

　　（1）试纸的制作

　　将3毫米层析滤纸，剪裁成大小均一的条状，浸泡在配制好的硫氰酸铁溶液中，取出晾干，得到检测试纸。实验对试纸制作条件进行了优化，得到的最佳试纸制作工艺条件为：3毫米层析滤纸浸于硫氰酸铁溶液中20秒后取出，在40℃下干燥30分钟。在此条件下制作了维生素C检测试纸，用于实际样品维生素C含量的检测（图1-10-1）。

　　（2）维生素C检测比色卡的建立

　　采用制作的检测试纸，对配制的各

已知浓度的维生素C溶液（浓度分别为0克/升、0.2克/升、0.4克/升、0.6克/升、0.8克/升、1.0克/升）进行检测，既可建立标准比色体系（图1-10-2），又验证了方法的可行性（图1-10-3）。

　　（3）蔬果汁中维生素C的检测应用

　　最后，我想验证一下制作的试纸和检测方法在不同蔬菜水果中应用的可能性，选取了番茄、苹果（阿克苏）、橙子（脐橙）、黄心猕猴桃（佳沛）、绿心猕猴桃（佳沛）、娃娃菜、黄瓜、芹菜（西芹）、青椒和胡萝卜共10种果蔬进行检测。果蔬直接挤出汁水，滴在制作的试纸上，显色后与标准比色卡对照，结果如图1-10-4所示，数据总结于表1中。

　　我将检测结果与文献或网上报道的这些果蔬的维生素C含量进行了对比，结果具有一致性，证明了方法的可行性与准确性，可将其应用于某些食品中维生素C的比较和检测。

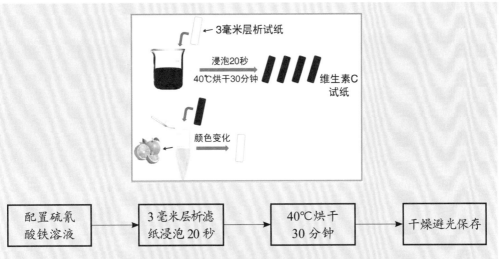

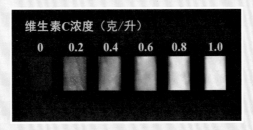

图 1-10-1　维生素 C 快速检测试纸的制作及应用

图 1-10-2　维生素 C 快速检测标准比色卡

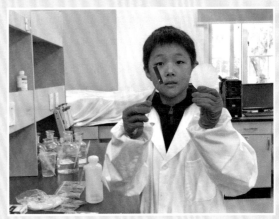

图 1-10-3　实验过程图片

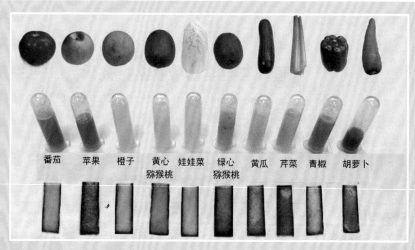

图 1-10-4 各种果蔬汁中维生素 C 含量的比色检测

表 1 各种果蔬汁中维生素 C 含量的试纸检测结果

品名	番茄	苹果	橙子	黄心猕猴桃	娃娃菜	绿心猕猴桃	黄瓜	西芹	青椒	胡萝卜
维生素 C 含量 /(克/升)	0.8	0.2	0.8	0.6 ~ 0.8	0.8	0.2 ~ 0.4	0.4	0 ~ 0.2	0.6 ~ 0.8	0.2

我的结论：

制作的试纸在实际样品检测应用中表现出了良好性能，能够对不同水果和蔬菜中的维生素 C 进行灵敏、快速的比色检测。通过对食品中维生素 C 的检测可以发现，不同果蔬中的维生素 C 含量确实存在明显差异。仅从维生素 C 摄入角度而言，日常生活中，如果我们保持饮食均衡，多吃番茄、娃娃菜、猕猴桃和橙子等维生素 C 含量较高的食物，那么从天然果蔬中就可以有效地补充人体所需的维生素 C 了。

2014级（1）班 殷明德

11. 给水果穿件外衣的方法可行吗？

我怎么会想到这个问题的：

　　小朋友们都喜欢新鲜的水果，但水果的保质期非常短，买来的水果放置时间一长，就会腐烂变质。每当看到来不及吃就烂掉的水果，我就觉得非常可惜，那有什么好办法可以给水果保鲜呢？新闻报道有些不法水果摊主为给水果保鲜，给水果喷涂防腐剂，虽然喷涂防腐剂的水果看上去很诱人，但会对人体产生毒害。那能不能利用一些天然物质给水果穿上一件抗菌保鲜外衣呢？我们希望这件外衣是隐形的，不要影响水果的外观，最好在减缓水果腐烂的同时又无毒无害。

　　晚上妈妈洗完澡正在敷面膜，我突然有了灵感，如果给水果也敷上一层面膜，不就起到保鲜作用了吗？那么这层膜如何做到无毒无害并且抗菌保鲜呢？

 关于这个问题我的思考是：

思考一 水果保鲜膜采用什么材料，既要价廉易得，又无毒无害。

　　通过查阅资料，我们得知壳聚糖是一种从虾蟹壳中提取得到的天然多糖。壳聚糖具有很多生物活性，此外，还有良好的成膜性。但纯壳聚糖制作的外衣强度不够，容易破，那么需要添加其他什么材料来提高外衣的强度呢（图1-11-1）？

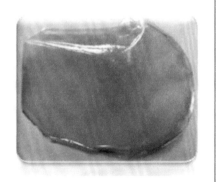

图 1-11-1

思考二 如何解决保鲜膜的抗菌活性。

大家都喜欢喝茶，尤其是绿茶，这是因为日常饮用绿茶对健康具有促进作用，这主要归功于茶叶中的茶多酚。茶多酚是茶叶中多酚类物质的总称，是茶叶的主要活性成分。茶多酚除具有抗氧化、抗炎和调节免疫等作用外，还具有抑菌作用，如对葡萄球菌、大肠杆菌、枯草杆菌等有抑制作用。

思考三 茶多酚在壳聚糖-羟丙基甲基纤维素溶液中溶解性不好的问题。

通过查阅资料，我们得知茶多酚在壳聚糖-羟丙基甲基纤维素溶液中溶解性并不好，能否通过添加其他物质，使得茶多酚在壳聚糖溶液中有比较好的溶解性。

思考四 我们做的保鲜膜是否有保鲜效果。

我们所做的保鲜膜是否具有保鲜抗菌效果，需要实验验证。

我的验证过程：

1. 针对思考一和二，通过实验来验证，具体过程如下：

分别配制壳聚糖溶液、羟丙基甲基纤维素溶液和茶多酚溶液，将壳聚糖、羟丙基甲基纤维素溶液按体积比 1:1 混合，同时加入浓度为 0.5% 的茶多酚溶液，搅拌均匀（图 1-11-2）。将上面的膜溶液在塑料培养皿基底上滴涂，在 50℃下干燥 4 小时。

2. 针对思考三，通过环糊精包裹实验，解决茶多酚在壳聚糖-羟丙基甲基纤维素溶液中溶解性不好的问题，具体实验过程如下：

如图 1-11-3，将茶多酚用环糊精包裹后再加进去，就可以得到澄清透明的溶液。

3. 针对思考四，具体实验过程如下：

将制成的外衣分别贴在混有金黄色葡萄球菌（SA）和大肠杆菌（EC）的培养基上，观察细菌的生长情况。24 小时后发现在覆盖薄膜的部分没有细菌生长，说明外衣有较好的抗菌效果（图 1-11-4）。

将穿上外衣和未穿外衣的葡萄在室温下放置，4 天后进行观察。结果发现未穿外衣的葡萄果皮稍有变软，有轻微皱缩；而穿上外衣的葡萄果实比较饱满，说明隐形外衣能减少水分的损失（图 1-11-5）。

图 1-11-2

（a）　　　　（b）

图 1-11-3

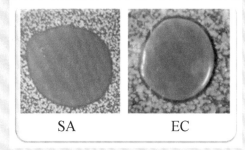

SA　　　　EC

图 1-11-4

未处理　　　穿上抗菌保鲜外衣

图 1-11-5

我的结论：

采用壳聚糖作为水果隐形外衣的主要材料，以羟丙基甲基纤维素来提高外衣的强度，同时添加茶多酚来提高外衣的抗菌效果。将制得的膜溶液直接喷涂在水果表面，晾干后即给水果穿上薄薄的隐形外衣。该外衣可以减缓水分挥发，同时还可以抵御有害微生物的侵染。

2014级（3）班　李政霖、方沛琪

12. 生活中品类繁多的饮用水到底有何不同?

我怎么会想到这个问题的:

我平时特别爱喝各种口味丰富的饮料,所以每次和爸爸妈妈去超市的时候,我都会在饮料区挑选许久。各式各样的饮料五花八门,有不同口味的(苹果、水蜜桃、柠檬等),还有不同种类的(果汁、汽水、乳酸菌、茶类等)经常让我挑花眼。有一天我注意到,就算是没有味道的普通饮用水也有很多选择。有的是矿物质水,有的是纯净水等。我联想到除了超市,平时在学校、家里或者其他公共场所就能喝到很多不同种类的饮用水呢。有饮水机里放出来的纯净水,有自来水经过净水器过滤的水等。那么既然都是我们平时生活中可以喝到的饮用水,为什么还会有这么多不同的处理方式和种类呢?于是我就想通过亲自做实验,来看看它们是不是真的不同。如果真的存在不同,会体现在哪些方面?这些方面又是否可以作为评价水质的依据呢?

 关于这个问题我的思考是:

思考一

这些水本质都是自然界里的水,但是自然界里不同原产地的水,口味上可能就会有所区别。另外这些水再通过不同的运输和处理方式来到我们身边,那么我们在喝的时候,就会更加明显地发现这些饮用水在口味上的差别。如果口味真的不同,那么一定是水里的一些因素对口味造成了影响。那么,口味也许能作为饮用水品质的一种判断依据。

思考二

我们经常会在广告里听到一种说法:水的pH是判定饮用水水质的一个重要指标。那么我想:什么是pH?哪些方法可以用来测试pH呢?用这些测试方法进行测试可能会发现不同来源和处理方式得到的饮用水的pH会有不同，水里可能会存在一些影响饮用水pH的因素。那么pH就可以来表征这些因素，也就可以作为一种判定饮用水水质的依据了。另外，适合人体饮用的水，它们的pH的范围是什么呢？

思考三

我们人类肉眼的辨别能力十分有限，所以虽然平时我们看到的饮用水都是无色透明纯净的液体，但是不排除水里面也可能存在着一些我们肉眼看不见的物质。如果能知道那些物质是什么，并且通过专门的方法进行测试，那么得到的结果或许也可以用来作为判定饮用水水质的依据。

我的验证过程：

我用来进行实验的是三种水，分别是1号瓶装矿泉水、2号饮水机桶装水、3号经过RO膜净水器过滤的水（图1-12-1）。

一、关于口味和口感

首先，我把三种水倒入相同的纸杯里，逐一品尝口味。经过我的仔细品尝，发现：1号瓶装矿泉水在嘴里感觉滑滑的、有一些淡淡的甜味；2号饮水机桶装水好像有一些酸涩味；3号RO膜净水器过滤的水感觉最清淡。

但是妈妈告诉我，每个人对味道的感觉会有不同，所以口味作为一种非常主观的感受，不太适合作为一种可以推广的评价依据。但是不同来源或者不同生产加工方式得到的饮用水在味道上的确存在差异，并且这是有科学理论可以解释的。于是我们在网上进行搜索，大致可以总结出以下几点：

1. 硬度：洁净的水中，钙、钠、镁离子含量远比其他几种离子（钾、锌、锶等）高，将钙、镁离子含量换算成碳酸钙浓度就是水的硬度。硬度过高，水的口感不好且有异味，个别饮用者还会有胃肠反应；硬度过低，水就没有甘甜味。我国规定生活饮用水总硬度小于450毫克/升。

2. 溶解性总固体：指水中所含能溶解在水中的固体物质的总量，亦称蒸发残留物，包括钙、镁、钠、钾等矿物质及氯离子、碳酸根、硅酸根、硫酸根和部分有机物等。如$MgCl_2$和$CaCl_2$过多时，水表现为苦味。

3. 碳酸根：碳酸就是溶解在水中的二氧化碳。碳酸根的存在，使水具有清爽可口的味道。如含量过高，水味便产生刺激性，产生汽水的感觉，从而使水失去应有的味道。

4. 氯离子：氯离子含量过高和盐水具有相同的味道。沿海地区地下水不能饮用，往往是由于海水侵蚀或地下水过度开采而导致海水入侵，氯离子含量过高，不适宜饮用。国标 GB 5749—2006 规定，饮用水中的氯化物要低于 250 毫克／升。如 NaCl 含量大于 100 毫克／升时，味觉灵敏的人已经觉得有咸味了；达到 250 毫克／升时，绝大多数人都会感觉到咸味。

5. 硫酸根：天然水普遍存在硫酸根，其含量高时，水就会带有涩味。当大量摄入含硫酸根过高的水时，大多数人出现腹泻的症状。

6. 硅酸根：硅酸根是岩石溶于水的成分，特别是火山岩更容易溶解出硅酸盐，天然水中硅酸根浓度高，饮用时觉得有些硬。

7. 铁：铁是自然界中广泛存在的金属，水中也普遍含有这类金属，水中含铁量较多时，会感到有铁锈腥味，会明显影响饮料的味道，而且能够污染衣物以及输水设备。铁对人体健康无毒性影响，只是影响使用。铁的评价标准限值是在于感官而不在于毒理学。悬浮的黄褐色或红色铁沉积物在感官上会使人讨厌。

8. 锰：在自然界中锰以化合物形式存在于各种盐类中，常与铁的化合物共生。锰对动植物都是极为重要的微量元素。供水中锰浓度超过 150 微克／升时，与铁一样会污染衣物并给饮用水增加令人不愉悦的味道。

9. 余氯：余氯是使用含氯的消毒剂时残留在水中的氯，具有特有的氯臭味，也就是人们常说的漂白剂味。自来水处理过程中，为了防止供水系统的微生物增长，必须保持供水系统中有一定的余氯含量，因此市政自来水往往都有这种味道，这种漂白剂味很难降低到人们不能觉察到的程度。特别是气温较高的地区和气温高微生物增长较快的夏季需加大投氯量，自来水中的这种味道就更加明显。

我想，我们现在能喝到的饮用水应该都是经过严格消毒杀菌以保证品质的，所以我没有喝到过有特别异味的水。但是如果我们外出旅游，特别是去卫生条件不是很好的地方，如果喝到有异味的饮用水，那么我们首先要考虑是否是以上这些原因造成的？同时我们需要提高警惕，不喝异样口味的饮用水，以免对身体造成伤害。

二、关于pH

pH，即氢离子浓度指数，是衡量水体酸碱度的一个值，也称氢离子浓度指数、酸碱值，是溶液中氢离子浓度的一种标度，也就是通常意义上溶液酸碱程度的衡量标准。我们可以通过 pH 计或者 pH 广谱试纸来测试溶液的 pH。

经过学习我了解到世界卫生组织对饮用水水质没有具体指标，但附加说明：低 pH 饮用水有腐蚀作用，高 pH 饮用水影响味觉，有肥皂味。为使加氯更为有效，以 pH ≤ 8 为宜。美国环境保护署饮用水水质标准：一级水没有具体指标。

二级水的 pH 为 6.5 ~ 8.5。欧盟饮用水水质标准为 pH 在 6.5 ~ 9.5。对瓶装或桶装的净水，pH 应降至 4 ~ 5。日本饮用水水质标准规定 pH 为 5.8 ~ 8.6。我国国标 GB 5749–2006 生活饮用水卫生标准规定 pH 为 6.5 ~ 8.5，国标 GB 17323 瓶装饮用纯净水标准规定 pH 为 5.0 ~ 7.0。

今天我用的是最简单的 pH 广谱试纸进行实验。我把三张 pH 试纸分别浸入三杯水中（图 1-12-1），大约一秒钟后拿出，然后用 pH 标准比色卡进行对比。我发现这三杯水的 pH 为 6 ~ 7（图 1-12-2），因此它们能符合我查得的饮用水水质划分的标准。

三、关于水中是否存在我们看不见的物质

经过学习后我了解到：水中存在着大量的无机酸、碱、盐等，它们都是以离子状态存在的，所以都具有导电能力。水中溶解的盐类越多，电导率就越大。因此电导率可以推测水中离子的浓度。所以我想电导率可能也可以作为一种初步判别水质的依据。

于是我借助妈妈实验室里的电导率仪器进行了测试（图 1-12-3）。

总结结果如下：

样品名称	1 号瓶装矿泉水	2 号饮水机桶装水	3 号 RO 膜净水器
测试结果 /（毫秒 / 厘米）	0.081	0.011	0.016

我发现 1 号瓶装矿泉水的电导率会比其他两种水的电导率略高。然后我仔细查看了瓶装水上的标签，上面写道：添加硫酸镁、氯化钾让口感清爽。

这样一来，就跟我之前学到的知识匹配起来了。这两种添加剂都是盐类，在水中具有电导率，果然饮用水中盐类存在得越多，电导率就越大。

图 1-12-1

图 1-12-2

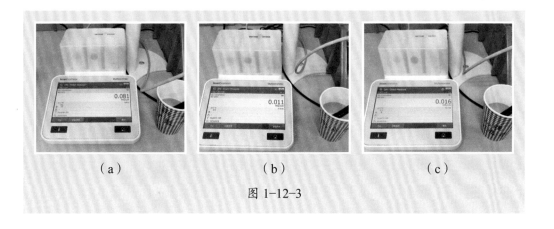

（a）　　　　　　（b）　　　　　　（c）

图 1-12-3

我的结论：

　　随着科学的发展和生活水平的提高，现今我们喝到的正规渠道生产的饮品都是健康安全的。但是不同加工生产方法制得的饮用水也会在口味、口感和成分上存在一些差异。经过实验我们可以得知：pH 以及电导率等数值可以作为一种初步评判水质的依据。大家可以根据自己的身体情况和口味爱好选择适合自己的饮用水，并且尽量不要用含糖的饮料替代普通饮用水。日常生活中更要爱护水源，节约用水。

2018级（1）班　单歆茗

13. 醋除了在吃饺子时当蘸料，还有什么用呢？

我怎么会想到这个问题的：

我奶奶是北方人，会包各式各样的水饺，我最喜欢吃饺子了。饺子蘸醋吃最好吃。有一天，蘸着醋吃水饺的时候，我突然很想知道醋还可以用来干什么。于是，我问了在一旁的爸爸。爸爸说："醋啊，除了是我们日常生活中必不可少的调味品外，还有很多神奇的用途哦。醋主要的成分是醋酸，醋酸是一种有机酸，可以帮助我们促进胃液分泌，增进食欲，还有利于钙等元素的吸收，还可以抑菌、杀菌呢。我们可以做个小实验来证明醋当中酸的存在。"爸爸还告诉我，当醋里的酸遇到碱的时候，酸碱中和反应还会产生泡泡。我决定和爸爸一起做酸和碱的泡泡实验，看看碱遇到酸到底会怎样？

关于这个问题我的思考是：

思考一

醋里面含有酸性物质，小苏打里面含有碱性物质，我们决定用家里有的白醋和小苏打来完成我们的第一个实验，在容器中加入红色色素和小苏打，再倒入白醋，这样酸碱相遇，中和产生泡泡。

思考二

第二个实验，我们打算用另一种含有"酸"的食物和小苏打中的碱性物质来做实验。我们选用了酸酸的柠檬取代醋，和小苏打中的碱性物质进行中和产生泡泡。看看是不是真的是"酸"这种物质与碱发生中和反应起泡泡。

思考三

有时候我们吃到的柚子也是酸酸的，那么，是不是用柚子可以和小苏打中的碱性物质来进行酸碱中和反应，也形成一个"柚子小火山"呢？

我的验证过程：

实验一："白醋小苏打火山"，小苏打+白醋=泡沫

如图1-13-1，首先我们在容器中装上少量的水和红色素，并放入小苏打。然后向容器中倒入白醋。小苏打碰到白醋后很快就产生了很多的泡泡，还伴随着"呲呲"的声音，还真有点小火山的意思呢。

实验二："彩虹柠檬"，小苏打+柠檬=泡沫

如图1-13-2，我们先切开了柠檬，用勺子掏出里面的果肉，在里面再加上点红色素。有了酸酸的柠檬，是不是加入小苏打就能产生泡泡了呢？果然，当我用小勺子加入小苏打的时候，噗噗噗又冒出了好多泡泡，渗着红色的色素，"彩虹柠檬"出现了！

实验三：小苏打+柚子=?

柚子也有酸酸的味道，它的里面应该也有酸吧？可是，当我们切开柚子加进小苏打的时候，并没有出现前面两个实验中的泡泡情况。后来，我在爸爸的帮助下查询了资料。原来，虽然柚子尝起来酸酸的，但是这是由于柚子的生长环境和其他原因而导致的酸酸的口感，并不意味着柚子是酸性食物。其实柚子是碱性的哦。

（a）

（b）

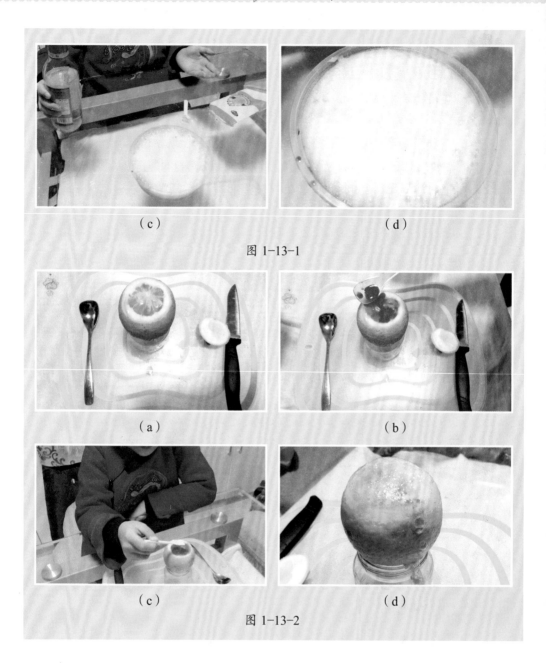

（c）　　　　　　　　　　　　　（d）

图 1-13-1

（a）　　　　　　　　　　　　　（b）

（c）　　　　　　　　　　　　　（d）

图 1-13-2

我的结论：

　　酸和碱混合在一起可以发生中和反应，同时伴随很多气泡产生。但是，并不是有酸酸的味道就意味着它是酸性物质。

2018级（2）班　刘馨灿

14. 哪种方法存储的蔬菜不易腐烂发霉?

我怎么会想到这个问题的:

寒假来了,我们一家都要去西安爷爷家,十几天不在家。走前,我们把没有吃完的蔬菜都用塑料袋打包,存储在冰箱里。等一回到家,打开冰箱时,迎面扑来一股酒味,非常难闻。仔细一看,冷藏室里存放的绿叶菜都腐烂发霉了,土豆还发芽了。我们只好把所有的菜都扔了,但是,我们发现包在牛皮纸里的小葱没有腐烂,只是叶子全变成枯黄色且干巴了。这是什么原因呢?

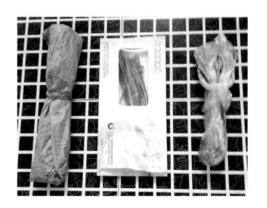

 关于这个问题我的思考是:

> **思考一**
>
> 采用牛皮纸包裹蔬菜,保存在冰箱冷藏室中。牛皮纸的表面粗糙、质地松软、有许多的孔隙,渗透性比较强。
>
> 猜测透气性好,可以较长时间不腐烂,但营养易分解流失,易失水,容易干枯。
>
> **思考二**
>
> 采用信封包装蔬菜,信封采用的胶版油封纸,伸缩性小、平滑度好、质地紧密不透明、抗水性能强、渗透性差。胶版纸的透气性比塑料好,但比牛皮纸差。
>
> 猜测透气性好,不易腐烂,渗透性差,容易保鲜。

49

思考三

采用塑料袋包装，塑料袋为聚乙烯薄膜（无毒性），薄膜呈乳白色，半透明状，摸起来较润滑，透气性和渗透性都比较差。

猜测透气性和渗透性差，长期保存容易腐烂，但失水少，有一定保鲜功能。

我的验证过程：

第一步，如图1-14-1，准备好小葱、牛皮纸、信封、塑料袋；

第二步，如图1-14-2，分别把小葱用三种材料包装起来；

第三步，为了加快实验速度，我们把包装好的三个袋子放置在室外，接受风吹日晒。晚上放在空调房内，提高环境温度。后面又在常温状态保存。

五天后，打开包装，三种储存方式区别明显（图1-14-3、图1-14-4、图1-14-5）。

图1-14-1

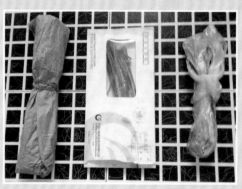

图1-14-2

图 1-14-3　　　　　　图 1-14-4　　　　　　图 1-14-5

我的结论：

　　蔬菜放塑料袋内存放，密封效果好，可以保鲜，但时间不宜过长，否则容易腐烂。

　　胶版油封纸渗透性差，容易保鲜。不容易密封，透气性较好，水分容易挥发，有变干的情况，但由于材料本身透气性不好，可以减缓挥发速度，变干的速度略慢一些。

　　牛皮纸包裹，蔬菜水分挥发快，很快变干，而失水变干就最不容易腐烂了。

　　查找相关资料，从专业角度也能有效验证我们的实验结论。因为果蔬为有机食品，含水分较高（60%～95%），并含有水溶性营养物质和酶类。在整个贮存期间仍进行着很强的呼吸活动。在一般情况下，温度每上升 10℃，呼吸强度就增加 1 倍。在有氧的条件下，果蔬中的糖类或其他有机物质氧化分解，产生二氧化碳和水分，并放出大量热量；在缺氧的条件下，糖类不能氧化，只能分解产生酒精、二氧化碳，并放出少量热量。但是，二氧化碳浓度不能无限度地上升，只能提高 10%，氧浓度的下降也不能超过 5%，否则果蔬在缺氧时为了获得生命活动所需的足够能量就必须分解更多的营养物质（营养物质分解得快了就会变干）；同时，因缺氧呼吸产生的酒精留在果蔬里，会引起果蔬腐烂变质（说明透气性不好容易腐烂）。

2018级（3）班　齐泽轩

51

15. 为什么酒放的时间越长，酒味越香？

我怎么会想到这个问题的：

过年家里买了一瓶红酒（图1-15-1），我发现这瓶酒并不是今年生产的，而且上面标的保质期竟然有10年。我想，酒属于食物，如果放10年那岂不就变质了。我以为我发现了一件不得了的事情，但当我把这件事告诉爸爸的时候，爸爸说："葡萄酒保存有很大的学问，一般来说干白最多可以保存20年，混合型酒可保存40年。酒瓶上印的年份是指产酒的时间而不是装瓶的时间，但保存的过程最为关键，这一点就像是厨师炒菜时掌握火候。"原来如此，那么所有的酒都是这样吗？爸爸接着给我解释说："浓香型白酒陈酿2～3年便可以达到很好的品质，然而酱香型白酒却是越陈越好，回味绵长（图1-15-2）。"原来酒里面有这么多的学问，可是为什么酒会越放越香呢？爸爸建议我自己去找到答案。

图 1-15-1

图 1-15-2

关于这个问题我的思考是：

思考一 储存酒用的陶器可以吸附其中的杂质。

查阅资料可知，陶坛一般用黏土烧结而成，酒液贮存于坛内，并非与空气完全隔绝，坛内会渗入微量空气，与酒液中的多种化学物质发生缓慢的氧化还原反应。正是陶坛这一独特的"微氧"环境和坛内酒液的"呼吸作用"，促使酒在贮存过程中不断陈化老熟，越陈越香。

思考二 酒精比水蒸发快，使得酒越来越醇厚。

当酒液在杯壁上铺满时，其与空气的接触面增大，蒸发作用加强，而酒精的沸点比水要低，它首先蒸发，于是形成一个向上的牵引力；同时由于酒精蒸发，水的浓度增高，表面张力增大，在杯壁上的附着力也增大，所以酒液便累积形成一个拱起。由于万有引力的作用，重力最终取胜，破坏了水面的张力，也就形成了我们常说的"挂杯"。

思考三 酒中独有的酯类物质使得酒越放越香。

酒中的醇类和酸类物质可结合生成酯类，酯类是白酒中最重要的香气成分。这种酯化反应在有催化酶参与的情况下，几分钟就可以完成，但在自然条件下需要约两年时间才能完成。在长时间贮存过程中，醇类、酸类和酯类之间逐渐达到平衡，使酒的香气变得协调、丰满。

我的验证过程：

1. 针对思考一，我用陶片和瓷片做了对比实验。在显微镜下观察烧成后的陶，极少存在"玻璃相"和结晶体。气孔非常多，它们的放大形态就像蜂窝一样。而在显微镜下观察瓷片，发现有大量结晶体存在，大部分都是"玻璃相"和"结晶相"，气孔非常少。

2. 针对思考二，我在两块相同的玻璃片上分别滴上质量相同的一滴酒精和一滴水，两者的表面积相同，用酒精灯给其中的一块玻璃片加热，发现酒精蒸发速度比水快。

3. 针对思考三，我们用烧碱实验来证明。需要的东西分别如下：

（1）食用酒精就是纯度大概为99%的乙醇，如图1-15-3。

（2）氢氧化钠就是我们俗称的烧碱。

（3）溶化后的氢氧化钠溶液，如图1-15-4。

4. 实验对象。如图1-15-5，玻璃试

53

管中从左到右分别为原浆酒、食用酒精勾兑水、某瓶装白酒。如图1-15-6，将它们分别放到烧水壶及电压力锅里进行实验（实验多次，因为氢氧化钠和水的比例需要掌握，不一一细表）。

最终结果是：原浆酒颜色变成金黄色，食用酒精勾兑水的颜色不变，而某瓶装酒的颜色也不变（最终结果是加热第6次的结果）。

小结：通过烧碱实验，很明显我们能看出粮食酒与勾兑酒的区别。烧碱法的作用是测试酒里面的酸含量，加入氢氧化钠，微热条件下，能够促进酿酒过程中残留的酸类和乙醇的醇类生成酯类。酯类是白酒中最重要的香味物质，是有色的。烧碱法显示黄色可确定该酒含纯粮酒，颜色越深代表酸类物质越多，储存可使口味变柔，变香。

图 1-15-3

图 1-15-4

图 1-15-5

图 1-15-6

我的结论：

最适合长期储存的白酒香型应是酱香型白酒。只有纯粮食酿造的白酒里面才会有那么多丰富且自然的微量物质，才能发生酯化反应，也才会越陈越香。勾兑酒就算放10年，口感也不会变好。

2018级（4）班　沈彦泽

16. 如何分辨生鸡蛋和熟鸡蛋？

我怎么会想到这个问题的：

每天早上爸爸妈妈都会给我和妹妹煮一个鸡蛋吃，他们说鸡蛋就像一个小宇宙，坚持每天吃一个，身体会棒棒的！一天早上妹妹吵着要吃煎蛋不肯吃白煮蛋，爸爸说那好，我就给你换换口味。谁知道妹妹手快，把之前已经煮好的熟鸡蛋丢进鸡蛋筐里面，爸爸叫我去拿鸡蛋来打，我看着一堆鸡蛋想到如果煮熟的鸡蛋冷了和生的放在一起不就很难辨别了？我好奇地问爸爸："如果冷

的熟鸡蛋和生鸡蛋放在一起，我们该怎么把它挑出来？"妈妈说："那还不简单！看颜色啊，或者拿鸡蛋起来摇晃一下就可以了！"爸爸神秘地一笑道："摇晃是可以帮助判断，但是我们有一些简单有效又有趣的方法，你们想不想知道啊？"被爸爸一问，突然激发了我的好奇心，我记得《十万个为什么》里面讲的一些力学的原理，我们是不是可以用在鸡蛋上呢？

关于这个问题我的思考是：

思考一 生鸡蛋和熟鸡蛋哪个旋转的时间长？

思考二 生鸡蛋和熟鸡蛋同时旋转起来，然后用手指触碰一下其中一颗看看会怎么样？谁会先停下来？

思考三 如果把生鸡蛋和熟鸡蛋放在一个倾斜的平面上，又会怎么样呢？

我的验证过程：

如思考一的情况：在光滑的平面上分别旋转生、熟鸡蛋，通过观察它们旋

转的速度和旋转后的状态来判断生熟，如图1-16-1。

如思考二的情况：在光滑的平面上分别旋转生、熟鸡蛋，然后用手触碰它们，停下来的是熟鸡蛋，继续旋转的是生鸡蛋，如图1-16-2。

思考三的情况：生、熟鸡蛋放在稍微倾斜的桌面上，同时往下滚，生鸡蛋里面的蛋清和蛋黄是液体状态，滚动产生的加速度比内部是固体的熟鸡蛋要稍快，所以生鸡蛋会先落下来，如图1-16-3。

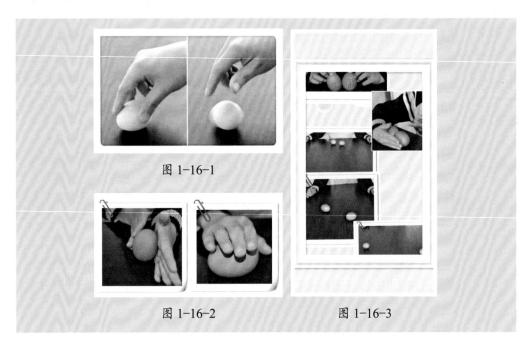

图 1-16-1

图 1-16-2

图 1-16-3

我的结论：

通过几组对比实验后，我们知道：生鸡蛋和熟鸡蛋在不同环境和外力作用情况下，由于其内部结构的不同，产生的惯性和重力不同，形成的加速度也就不同，使得生、熟鸡蛋的旋转和滚动呈现出不同的结果。

思考一的结论：生鸡蛋液体流动产生的惯性较大，这种力会跟外界旋转鸡蛋的力抵消，所以生鸡蛋会较快地静止下来；

思考二的结论：生鸡蛋液体流动产生的惯性较大，这种力会跟外界触停鸡蛋的力相抗衡使得鸡蛋继续旋转，停下的速度比熟鸡蛋慢；

思考三的结论：在倾斜的表面上，生鸡蛋的蛋清和蛋黄是液体，滚动产生了惯性，它的加速度比熟鸡蛋的要大，这种推力会让生鸡蛋先滚下去。

2018级（4）班 贺奕宸

17. 为什么蛋清液的准备过程对戚风蛋糕至关重要呢？

我怎么会想到这个问题的：

过年的时候，妈妈教我做了几次戚风蛋糕，美味极了。

不过，做蛋糕可不像吃起来那么简单。需要注意的事项可多了，在我看来，还有些严苛。比如，妈妈要求我用纸擦干净所有需要用到的碗、勺，不能有一点点水或油；用蛋清分离器将鸡蛋中的蛋清和蛋黄分开，蛋清中不能有一丁点儿的蛋黄。妈妈告诉我，蛋清中混入蛋黄，就做不出松软的蛋糕了；蛋清液中加入柠檬汁和白糖，糖的用量必须

很准确；用电动打蛋器打发蛋液时，开始先低速转几圈，待白糖基本溶解后，再加速打发，最后再用低速转一会儿。虽然听着妈妈一遍遍地交代让我实在有些头大，但为了美味的蛋糕，每次我还是会很小心地遵照要求，一项一项地去完成。

自己亲手做的戚风蛋糕的味道实在是太好了，不过做的过程中我一直在思考一个问题：为什么做戚风蛋糕的时候，蛋清液的准备过程至关重要呢？

 关于这个问题我的思考是：

思考一 蛋清液打发前混有蛋黄、水或油，会影响蛋糕的口感。

蛋清主要有两种蛋白质，一是球蛋白，它的功用是降低表面张力，增加蛋白的黏稠度，随着搅拌将空气卷入蛋白产生泡沫从而增加表面积；二是黏液蛋白，它的功用是使形成泡沫的表面变性，凝固而形成薄膜使卷入的空气不致外泄。这样，进入烤箱后，卷入蛋清里的空气因受热而膨胀，蛋糕才会松软。如果器具上有油或水，或是蛋清中含有蛋黄（或油脂），会导致在搅拌时蛋清液不能完全依附在器具上而仅跟着搅拌头旋转，使得蛋清液中无法卷入空气，进而无法引发黏液蛋白变性，在油、水含量愈多时，情况就会愈明显。

57

思考二 蛋清液打发时间过长，会影响蛋糕的口感。

搅拌好的蛋清液，随着机械作用将空气搅打卷入蛋白产生泡沫，颜色逐渐从透明变为白色，同时泡沫的体积增加、硬度也增加。但搅打至某一程度后，继续搅拌会使得蛋清液变硬，泡沫薄膜的弹性就开始减小，蛋白会变脆，烤出来的蛋糕没有弹性，口感也较韧。

思考三 蛋清液中砂糖量的多少，会影响蛋糕的口感。

搅打蛋清时加入砂糖可以帮助蛋白质打发。加入的砂糖能和蛋清中的水分一起融化成糖液，使蛋清的表面张力变大，打出的气泡较细、较稳定。若砂糖量不够，蛋白的表面张力变小，气泡较粗大且容易被破坏而引起消泡。

我的验证过程：

1. 针对思考一，通过在蛋清中混入少许蛋黄加以验证。准备3个鸡蛋，采用蛋清分离器分离蛋清和蛋黄，而后在蛋清液中加入1/10个蛋黄（称重计量）。其余按照原有步骤进行。发现：采用电动搅拌器进行搅拌时，蛋清液并没有像往常那样，迅速出现大气泡并由透明变成白色的乳状液。如图1-17-1所示，该方案未能制成蛋糕。

2. 针对思考二，在蛋清液打发到打蛋器举起后蛋白泡沫不会滴下的程度（干性发泡或称硬性发泡），再继续打发。发现：打发过度的蛋白呈棉花球状、干燥，且不易与其他材料混合。打发时间过长，蛋清液变硬，泡沫薄膜的弹性减小，蛋白变得较脆，烤出来的蛋糕没有弹性，口感也较韧，如图1-17-2所示。

3. 针对思考三，加入一半砂糖量，通过对比加以验证。分别准备两份一样的蛋清液和蛋黄液，其中一份加入一半砂糖量，一份按配方加入，其余过程一致。发现：（1）采用电动搅拌器进行搅拌，两份蛋清液由透明变成白色乳状液，但加入一半砂糖的速度明显较慢；（2）用烤箱制作出来的蛋糕形状差不多，但加入一半砂糖的蛋糕有部分塌陷，如图1-17-3所示。按配方制作的蛋糕如图1-17-4所示。

图 1-17-1　在蛋清液打发前混入蛋黄，蛋清液未打发

图 1-17-2　蛋清液打发过度制作的戚风蛋糕

图 1-17-3　仅加入半份糖制作的戚风蛋糕

图 1-17-4　按配方制作的戚风蛋糕

我的结论：

　　在做戚风蛋糕的时候，总是会出现蛋糕表面回缩，侧腰、表面开裂等情况，主要是因为蛋清液中混入了蛋黄、水或油，打发不够或者是打发过度，加入的糖不够等原因而导致的。配方是面包师们经过数次的实践得出的较为合理的制作条件，所以严格按照配方准备蛋清液对做戚风蛋糕非常重要。

2017级（2）班　尚嘉容

18. 如何通过科学数据分析来确认坚果类食品的好坏?

我怎么会想到这个问题的:

今年过年的时候,我很早就收到了爸爸妈妈给我买的坚果零食,有松子、花生、小核桃等,这些都是我喜欢的。但是很奇怪的现象是,每次我刚拆开的时候吃会觉得坚果非常好吃,但是当我第二天再去品尝的时候,它们的口感就没有前一天的好了,往往不是很脆,也不是很香。我不清楚其中原因,因为食物没变,也没有人对它们做什么,为

什么就不好吃了呢? 爸爸妈妈跟我说那是因为食品长时间暴露在空气中以后,空气中的水分子就会浸入食物中,造成食物水分含量增多而导致口感不脆。我并不完全相信爸爸妈妈的回答,因为他们好像也说不出个所以然,我对这个回答是持将信将疑的态度的,我希望通过一些实验或是小测试来验证爸爸妈妈的话。

关于这个问题我的思考是:

思考一 如果用包装袋将产品密封,水分不能通过塑料袋进入食物中,会不会改变这种情况?

现在的塑料食品袋以食品级聚乙烯(PE)袋居多,本身具有良好的透气性。即使用夹子夹住或是将袋子打结,你会发现食品的水分还是增加了,因为空气中的水分子通过袋子本身的微密气孔进入袋内,虽然比完全开口好了很多,但还是有水分的变化。那我们换一种材料试一下,如果是复合型的包装材料呢,多层塑料复合材料高密度聚乙烯(HDPE)因为外面覆盖有一层纸膜,内部是HDPE的高密度的食品塑料而使气密性保持良好。经过改用这样的包装袋,食品水分明显降低,脆度显著增加。这证明通过改变不同的包装材料能改变食物的水分摄入。

思考二 如果是因为有水分，那我将食品本身的水分去除，使其还原到之前的状态，会不会改变这种情况？

我的最初想法是，把食物放在太阳下去烤，但是条件实在有限，因为天气不好，根本没有办法验证我的想法。后来我想到用烤箱来烤，通过高温将食物里的水分逼出来。我把一些果仁放在烤箱里用150℃温度烘烤5分钟，发现这样的操作明显可以达到我的要求，这些果仁又变脆了。

思考三 烘烤过的食品和未经烘烤过的食品都有这种情况吗？

如果是没有烘烤过的果仁呢？

我们买来一些芸豆，那怎么样来测试里面的水分呢？如果水分蒸发了是不是重量会下降？

我的验证过程：

如图 1-18-1，将拿来的芸豆称重 100 克，记录下数据；

如图 1-18-2、图 1-18-3，将其磨成粉末（非常细的，需要用研磨机），再称重这些粉末，并确认质量仍然是 100 克（证明质量没有损失）。

如图 1-18-4，将其放入电热鼓风干燥箱内干燥 40 分钟。拿出粉末，再称重，发现总质量已经不是 100 克，最新的质量是 85 克。

这样是不是证明无缘无故有 15 克的粉末没有了？其实没有的部分就是蒸发掉的水分。用公式算出此批芸豆的水分含量是 15%。事实证明，坚果类、生豆类产品都可以用干燥法来算出实际的水分含量。水分含量越高，品质越不好。

图 1-18-1　实验用的 100 克芸豆

图 1-18-2　将其研磨成粉末待用

图 1-18-3　称重粉末　　　　　图 1-18-4　放入干燥箱干燥去除水分

我的结论：

水分可以影响食物口感，可以通过各种方式控制它，并且收集数据以便人们使用。

2017级（3）班　张曦元

19. 巧克力起霜是什么原因造成的?

我怎么会想到这个问题的:

　　甜味能使人精神愉悦,估计每个小朋友都和我一样喜欢糖果和巧克力吧!我经常会收到一些巧克力,为了保护我的牙齿,预防蛀牙,爸爸妈妈总是定量分配我的巧克力,一天只能吃少量的,剩下的巧克力就存放在冰箱里。时间久了,我发现一个问题,原来光滑的巧克力表面析出了一层白色霜状物质,口感沙沙的,不如以前那么好吃了。在爸爸的帮助下,通过网上查阅相关资料,我们了解到这种现象在食品工业界叫作巧克力的起霜现象。

　　巧克力起霜是什么原因造成的,起霜后的巧克力还能继续食用吗?

 ## 关于这个问题我的思考是:

思考一
　　起霜的巧克力是在冰箱里储存的,是不是因为包装得不严,水汽进去后遇冷凝结成霜的呢?

思考二
　　如果不是因为包装的问题,考虑到巧克力由多种物质组成,其中就含有水,巧克力起霜是不是因为其中的水分在低温下凝结成的霜呢?

思考三
　　如果不是水遇冷凝结成霜,会不会是巧克力中其他物质形成的呢?

思考四
　　起霜后的巧克力还能继续食用吗?

我的文献查阅及验证过程：

针对思考一，分别将包装完好和拆过包装的巧克力进行对比，对比结果如图1-19-1所示，发现不管是包装完好的巧克力还是拆过包装的巧克力，均有起霜现象发生。两者对比，拆过包装的巧克力起霜现象更明显。

针对思考二，作如下验证实验。收集少量起霜巧克力表面的白色物质，置于玻璃容器内，缓慢加热，观察情况（图1-19-2）。发现白色物质慢慢融化，并未变成水蒸气，证明白色物质不是巧克力中的水分遇低温凝结成霜。

进一步查阅文献得知，巧克力起霜是困扰糖果工业多年的一个世界性难题。巧克力表面"发白"的学名是"可可脂析出"。"可可脂析出"是由于储存巧克力不当，温度变化引起的。可可脂是高品质巧克力中的重要成分，它使巧克力具有浓香醇厚的味道和深邃诱人的光泽。高品质巧克力中含有大量的天然可可脂。在生产过程中，可可脂先从可可液块里被轧出，再通过控制温度和搅拌等工序，将其均匀地融入巧克力中。高品质的巧克力具有诱人的光泽。这是由于巧克力由"液体"转变成"固体"状态之前，通过调节"物料"温度来控制"物料"中可可脂的晶形变化，使在液体状态下随机分布的"甘油三酸酯分子"随着温度的降低开始变得有序，成对的"分子二聚物"开始聚成"结晶核"，并使巧克力形成"一致的晶型"和"细密的晶体"。正是由于这种整齐排列的"二聚物"对光线呈镜面反射，使得巧克力呈现出诱人的光泽。但当温度变化时，可可脂的这种物理特性会变化。可可脂对温度非常敏感。当巧克力长期保存在22℃以上，其中的部分可可脂会熔化并渗入到巧克力表面。当温度下降时，油脂在巧克力表面重新结晶，形成较大的晶体，并呈现出花白的斑，好像一层白霜。起霜的原因有很多，包括加工条件、原料油组成以及储存温度等。起霜很难定性，其中一个原因是起霜形式多样并且"霜"的组成复杂。另一方面，巧克力产品多样的形式使对霜的科学分析变得更加复杂。研究者们采用了多种手段对起霜的过程及霜的特性进行了研究，并提出了一系列的理论来解释霜的形成。

这种现象对巧克力的外观和口感有一定影响，使其表面色泽暗淡，缺少光泽，但并不影响食品安全，仍可以放心食用。

（a）拆过包装的巧克力　　（b）未拆包装的巧克力

图 1-19-1　包装情况对巧克力起霜的影响

图 1-19-2　观察实验

我的结论：

通过查阅文献和实验证实，起霜现象对巧克力的外观和口感有一定影响，使其表面色泽暗淡，缺少光泽，但并不影响食品安全，仍可以放心食用。

2017级（4）班　任璞墨

20. 酸奶是已经发酸的牛奶，那为什么还能喝？

我怎么会想到这个问题的：

经常听大家说食物闻上去有酸味的话就说明食物已经腐坏了，不能食用了。可是我们经常喝的酸奶闻上去也是酸的，为什么还能喝？酸奶中的乳酸不但能使肠道里的弱酸性物质转变成弱碱性物质，而且还能产生抗菌物质。经常喝酸奶也可以防止癌症和贫血，并可改善牛皮癣和儿童营养不良。酸牛奶还能抑制肠道腐败菌的生长，还含有可抑制体内合成胆固醇还原酶的活性物质，又能刺激机体免疫系统，调动机体的积极因素，有效地抗御癌症。而且，经常食用酸牛奶，可以增加营养，防治动脉硬化、冠心病及癌症，降低胆固醇。发酸的牛奶不但能喝还有这么多的好处和功效，我觉得好奇怪。

关于这个问题我的思考是：

思考一

把买回来的来不及喝或者忘了喝而过保鲜期的牛奶多放一些日子，等它变酸了，当酸奶喝可以吗？要知道这个方法是否可行需查阅资料或询问食品专家，我们不能盲目在家行动，因为万一吃坏肚子，不利于身体健康，一定要慎重。

思考二

我们可不可以自己制作酸奶，需要哪些原料？制作过程是怎么样的？制作过程中需要注意点什么？我们自己制作的酸奶是不是更美味？更安全卫生？我很想尝试一下，在爸爸妈妈面前露一手。所以我要像做实验一样试试看。

思考三

既然酸奶有这么多的好处，那它可不可以给婴儿喝，多大的孩子可以开始喝酸奶了？他们饿了可以不喝配方奶粉只喝酸奶吗？

我的验证过程：

针对思考一我查阅了资料，发现这是异想天开。酸奶不是简单地把牛奶放着让它变酸就可以了，制作酸奶需要很多原料，对环境等方面也有要求。

关于思考二，当然我们自己是可以制作酸奶的。首先要准备好鲜牛奶、酸奶菌粉、酸奶机和酸奶桶（或分杯）。把制作过程中需要用到的容器和工具都在高温下消毒。如图 1-20-1，首先将纯（鲜）牛奶倒入分杯中，加入菌粉。如果不是分杯，直接将牛奶倒入不锈钢大桶中。然后用消毒过的筷子将菌粉搅拌均匀，直到菌粉溶解。如果是用不锈钢大桶做，到这里就可以发酵了，倒进一个个分杯。冬天在酸奶机里放些温水，帮助发酵；夏天可要可不要。接着放进酸奶机，通电打开酸奶机。冬天发酵 8 ~ 11 个小时，夏天只要 6 ~ 8 个小时。时间越长，酸奶越酸。要注意的是酸奶发酵期间，不能移动晃动。酸奶制作成功后，你还可以加入水果和蜂蜜等，可以使我们自己制作的酸奶更美味。虽然爸爸妈妈说我做的酸奶很好吃，不过我觉得还是买的好吃。

针对思考三，经过我的查阅和医生的建议，虽然酸奶是个好东西，但是 1 岁以内的小婴儿不适宜喝酸奶，因为酸奶中蛋白质和矿物质的含量都远高于母乳，过早喝酸奶会增加宝宝的肾脏负担。另外，酸奶只相当于牛奶的营养成分，并不能满足婴儿生长发育对营养的全面需求，小婴儿应当食用其相应年龄段的配方奶粉，作为主要的能量来源。还要注意如果宝宝之前有对牛奶蛋白过敏情况的话，则应当适当地延后宝宝开始喝酸奶的时间，并由少到多地给宝宝进行尝试，同时观察宝宝有无异常现象发生。

（a）

（b）

（c）

图 1-20-1

我的结论：

酸奶是以牛奶为原料，经过巴氏杀菌后再向牛奶中添加有益菌（发酵剂），经发酵后，再冷却灌装的一种牛奶制品。酸奶不但保留了牛奶的所有优点，而且经加工还扬长避短，成为更加适合于人类的营养保健品。所以酸奶不是放久了变酸的牛奶，鲜牛奶变酸了就不能喝了。因为牛奶发酸说明牛奶已经被大量微生物污染，发生腐败变质，已经变质的牛奶绝对不能再饮用。由于微生物污染严重，增加了致病菌和产毒菌生存的机会，并且会使一些致病力弱的细菌得以大量生长繁殖，导致人食用后引起食源性疾病。另外牛奶在腐败变质的过程中会产生毒素，如果食用变酸的牛奶很有可能会导致食物中毒。

许多人喜欢喝酸奶，甚至把它当成了饮料，每天好几瓶。专家指出，喝酸奶并非越多越好，尤其是保健食品类的酸奶，更要控制摄入量。保健食品是具有特定功效的功能性食品，不能像普通食品一样随意大量食用，而是要注意适宜人群和用法用量，不要过量食用。

2017级（5）班　周瞻骋

21. 怎样才可以快速地辨别出真假红葡萄酒?

我怎么会想到这个问题的:

新年的前几天,爸爸从商场里买回来好多年货,有过年要贴的春联、有新衣服、有我喜欢吃的糖果,还有妈妈爱喝的红葡萄酒。我也喝过一点点红葡萄酒,它尝起来甜甜的,听爸爸说红葡萄酒中含有丰富的营养物质,适量饮用还可以预防许多疾病,人们对红葡萄酒的需求量也越来越多,一些不法的商贩看到红酒这么受欢迎就动起了"歪脑筋"——用色素、香精、酒精勾兑成"红酒"欺骗我们。但这些"红酒"与我们平常喝过的红葡萄酒不一样,它们不仅不能为身体提供营养,反而会威胁到我们的身体健康。我很疑惑:酒也可以分出真假吗? 我只知道区分红葡萄酒与白酒,因为它们从颜色上看起来就不一样,红葡萄酒像是一种红色的溶液,而白酒它整瓶都是透明的。可是假的红葡萄酒也是红色的,我要怎么样才能在很短的时间内辨别红葡萄酒的真假呢? 我想像侦探柯南那样探究出"真假酒"的奥秘!

关于这个问题我的思考是:

思考一

红葡萄酒是农民伯伯把新鲜的葡萄采摘下来之后,经过微生物发酵制备而成的一种饮料。那么,我们看到的葡萄酒的红色是哪里来的? 是工厂为了方便将葡萄酒与白酒区分而特意添加的红色颜料吗?

思考二

既然真红酒与假红酒都含有"色素",那么,我们该怎样去找出它们的不同点呢?

思考三

有没有一种简便、快速的方法将假酒找出来呢? 我在查阅资料的时候发现,葡萄中的花青素和花色苷在可见区有最大吸收波长，虽然葡萄品种不同吸收波长也会有不同，但是吸收波长在465 ～ 560纳米范围内。并且，随着pH的变化，红酒中的花色苷结构会发生变化，最大吸收波长也会发生变化。随着pH的增大，花色苷渐渐显示为无色，接着又变成紫色或蓝色。但是假酒中掺杂的"色素"结构却很稳定，不会发生颜色变化，最大吸收波长也不会发生变化。用这个方法去区别假酒是不是很靠谱呢？

我的验证过程：

在爸爸妈妈的指导下，我选用家里购买的某品牌红葡萄酒作为实验样品。首先，我将红葡萄酒滴入比色皿中测它的吸光度；接着，我在红葡萄酒滴入比色皿之前加入一小滴酸，再测它的吸光度；最后，我在红葡萄酒中滴入一小滴碱后测它的吸光度。结果发现，红葡萄酒的图中有两个鼓起的峰（图1-21-1），加入酸的红葡萄酒中也有两个鼓起的峰（图1-21-2），但是加过碱的红葡萄酒中峰形发生了变化，并且少了一个在520纳米左右的小

峰（图1-21-3）。这个实验说明，红葡萄酒中确实有某种色素的存在，向它里面滴加碱后吸收波长会发生变化，也就是它的化学结构会随着环境的酸碱性发生变化。这证明了红葡萄酒中色素的存在，也说明了我这个实验可以在很短的时间内识别红葡萄酒的真假（图1-21-4），以后大家买红葡萄酒再也不用担心会买成勾兑的工业假酒了，这个方法是不是比较简单而且很有趣呢？我还想找到另一种更方便的方法去识别假红葡萄酒。

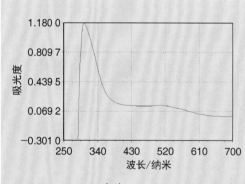

图 1-21-1　红葡萄酒做对照的波长图谱

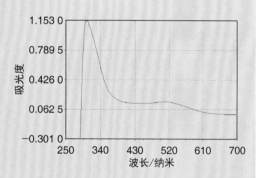

图 1-21-2　红葡萄酒加 100 微升酸的波长图谱

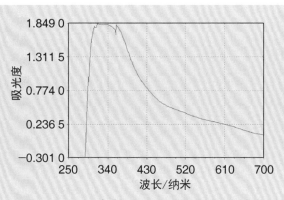

图 1-21-3　红葡萄酒加 100 微升碱的波长图谱

（a）添加假红葡萄酒

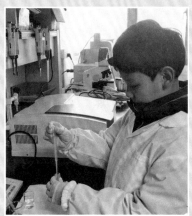

（b）添加试剂

图 1-21-4　辨别红葡萄酒真假

我的结论：

现在我不仅知道红葡萄酒只是葡萄酒中的一类，我还知道红葡萄酒中的红颜色是一种天然色素，它不是加入的人工颜料，它是对人体健康有益的。这种天然色素会因为加入酸碱的不同使吸光度发生变化，但是人工合成的色素却不会发生类似的变化。所以要是有不良商贩用人工色素和其他试剂勾兑成假红酒，我们可以利用这个实验将这些假酒识破，这样就可以降低饮用假酒给我们的身体带来的危害啦。另外，小朋友们要记得红葡萄酒喝一点点就好，好好吃饭才能长身体！

2016级（3）班　郑舞阳

22. 为什么旋转的陀螺不倒呢？

我怎么会想到这个问题的：

一天，看着人来人往的大街上随处可见的自行车，我很好奇，为什么自行车在骑行的过程中不会倒呢（图1-22-1）。联想到在我学习骑车的过程中，起步对我来说是最困难的，因此在开始的时候总需要爸爸妈妈在后面推我一把，车子动起来了，我就能顺利地往前骑了，而速度一旦慢下来，我的车子又会晃个不

停，车子很容易倒。问了爸爸妈妈，原来是陀螺原理在发挥作用。

回到家，连忙拿出我的陀螺玩具。看着小小的陀螺在地上转个不停，随着转动速度逐渐变慢，陀螺也慢慢地停了下来（图1-22-2）。那么为什么陀螺可以旋转很长时间，不会倒呢？而陀螺旋转时间的长短又与什么因素有关呢？

图1-22-1 骑行的自行车为什么不倒呢？

图1-22-2 高速旋转的陀螺

关于这个问题我的思考是：

思考一

陀螺在旋转的时候，不但围绕本身的轴线转动，而且还围绕一个垂直轴做锥形运动。也就是说，陀螺一面围绕本身的轴线做"自转"，一面围绕垂直轴做"公转"。陀

螺围绕自身轴线做"自转"运动速度的快慢，决定着陀螺摆动角的大小。转得越慢，摆动角越大，稳定性越差；转得越快，摆动角越小，稳定性也就越好。这和人们骑自行车的道理差不多。不同的是，一个是做直线运动，一个是做圆锥形的曲线运动。陀螺高速自转时，在重力作用下，不沿力偶方向翻倒，而绕着支点的垂直轴做圆锥运动的现象，就是陀螺原理（图1-22-3）。

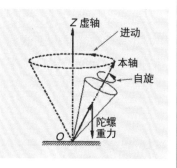

图 1-22-3　陀螺原理图

思考二

那么旋转的陀螺会永远转吗？根据惯性原理可以推断，假设没有外力的干扰，绕一根轴旋转物体的旋转轴就会在空间中保持方向不变。这个结论从我们居住的地球就能得到证实。地球绕贯穿南北极的轴不停地旋转，旋转轴就总是指向北极星方向。旋转中的陀螺如果没有受到干扰，旋转轴也能永久保持直立，但干扰总是不可避免的。陀螺转速很快时，旋转轴的偏转角度极小，圆锥运动几乎和绕垂直轴的旋转重合。当陀螺的转速逐渐变缓时，引起的偏转角度就愈大。待转速很慢时，陀螺就完全倒下了。

思考三

陀螺的旋转与哪些因素有关呢？速度越快，陀螺旋转稳定性越高。与陀螺旋转速度相关的因素包含了陀螺本身的质量、空气的阻力、地面摩擦力、施加的动力等。为了解各个因素对陀螺旋转的影响，我做了验证。

我的验证过程：

一开始对陀螺施加的动力大小，直接影响了陀螺旋转的起始速度，动力越大，陀螺旋转地越快越久。由于本身施加的动力不具备精确测量的条件，我只能通过用同样的速度抽动同样的次数来进行控制，发现在相同动力条件下，陀螺本身的质量会影响陀螺的旋转，质量大的那个会转动地更

久，但时间长度并不与质量等比例相关。

接下来，用同一个陀螺，在不同的地面上，施加同样的动力，可以明显地看出两者的不同。在光滑的地砖上，陀螺长时间处于高速旋转状态，并维持1分钟的时间（图1-22-4），而在木纹的地板上，陀螺旋转速度明显降低，维持

仅仅 28 秒就倒下了（图 1-22-5）。

最后，我尝试从不同的高度放下陀螺，在其他变量不变的情况下，高处放下的陀螺受到空气更多的阻力，到达地面时速度已经有些衰竭，在地面上努力维持了 34 秒（图 1-22-6）。而从贴着地面处放下的陀螺，则在同样的地面上维持了 49 秒（图 1-22-7），可见空气的阻力及落地受到的阻力对陀螺的旋转速度及旋转时间还是有一定影响的。

图 1-22-4　地砖上旋转　　图 1-22-5　地板上旋转　　图 1-22-6　高空落下　　图 1-22-7　低空落下

我的结论：

现在我知道了为什么陀螺旋转起来不会倒，也了解了原来我们的自行车也是运用了陀螺原理。而通过实际的验证，我得出了陀螺旋转的速度影响陀螺旋转时间的长短，及各个因素对于陀螺旋转速度的影响。我们给陀螺的动力越大，陀螺转的时间越久；陀螺越重，转的时间越久；空气阻力及地面摩擦力越小，则陀螺旋转的时间越久。

在查阅资料的过程中，我也了解到科学家根据陀螺的力学特性研发了陀螺仪。陀螺仪被应用于航空、航天、航海、军事、汽车、生物医学、环境监控等领域。

2016 级（4）班　吴汇捷

23. 大蒜真的能杀菌吗?

我怎么会想到这个问题的:

妈妈喜欢吃日料店里的生鱼片,但是她肠胃不好,一贪吃就有可能会肚子疼。每当妈妈吃坏了肚子,她就会剥两瓣生大蒜吃,她说大蒜可以杀菌,吃了肚子就好了。

每年春秋感冒流行的季节,外婆总要在家里做糖蒜让我吃。外婆也说大蒜可以杀菌。

爸爸的脚很臭,所以有时候他会往鞋子里塞蒜瓣儿,他还说大蒜可以杀菌,还可以除臭。

大蒜真的可以杀菌吗?如果能杀菌,它能杀哪些菌呢?

 ## 关于这个问题我的思考是:

思考一 细菌是如何分类的?

要回答这个问题首先我们要了解一下微生物的分类。我们一般将微生物分为细菌、真菌、原生生物和病毒等。就细菌而言,我们一般用革兰氏染色法将它分为革兰氏阴性菌(G-)(图1-23-1)和革兰氏阳性菌(G+)(图1-23-2)。平时,我们常见的霉菌不是细菌,它叫作真菌。

思考二 拉肚子、感冒、脚臭都是由细菌引起的吗?

绝大部分的细菌都不具有致病性,它们和我们人类和平共处各不相扰。只有很少一部分细菌会引起疾病,它们被称为致病菌。

大多数肠道菌属于革兰氏阴性菌,由细菌性食物中毒引起的急性肠胃反应多半由这类细菌引起。大肠杆菌(*Escherichia Coli*)是最常见的肠道菌,在人类的消化道中广泛存在。大肠杆菌本身不致病,但是它是多种肠道致病菌的"亲戚",所以一般选用它作为革兰氏阴性菌的代表菌种来研究肠道菌群。

大多数化脓性球菌属于革兰氏阳性菌，平时引起细菌性感染的病菌有很大一部分就是这一类细菌。如果你有仔细研究药物说明书的习惯，金黄色葡萄球菌（*Staphylococcus Aureus*）的名字想必一定不陌生吧！一般情况下，金黄色葡萄球菌不致病。而且它分布广泛，大多数人的皮肤上、口腔里都可以找到它，所以经常被选作革兰氏阳性菌的代表菌种。

白色念珠菌（*Candida Albicans*）是最常见的人体真菌，一般情况下不致病，经常被选作真菌的代表菌种。有资料表明，脚汗在白色念珠菌和几种细菌的共同作用下，可能会导致脚臭。

思考三 大蒜到底有没有杀菌作用？

我们可以设计一个简单的小实验，挑选一些有代表性的细菌和真菌，看看大蒜对它们到底有没有杀灭或者抑制作用。另外，我们可以选取一定浓度的广谱抗生素作为对照，来看看大蒜的杀菌效果到底有多少。

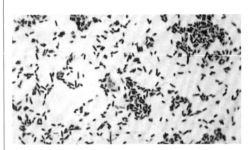
图 1-23-1 革兰氏阴性菌（G−）（以大肠杆菌 ATCC 25922 为例）

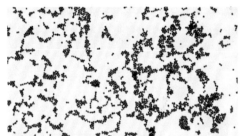
图 1-23-2 革兰氏阳性菌（G+）（以金黄色葡萄球菌 ATCC 6538 为例）

我的验证过程：

选取大肠杆菌（ATCC 25922）、金黄色葡萄球菌（ATCC 6538）和白色念珠菌（ATCC10231）作为革兰氏阴性菌、革兰氏阳性菌和真菌的代表菌种（图1-23-3）。制备含有上述菌种的营养琼脂平板。将新鲜大蒜切成薄片，贴在琼脂表面。同时，选用含 5 微克环丙沙星的药敏纸片作为阳性对照，用无菌水作为阴性对照（图 1-23-4）。将上述平板放培养箱中，于 37℃ ±1℃下培养 24 小时。

经过 24 小时的培养，我们可以看到，在含有大肠杆菌和金黄色葡萄球菌的营养琼脂平板中，在抗生素环丙沙星药敏纸片和大蒜薄片的周围都可以看到一个透明圆圈，在这个透明圈中，无菌落生长（图1-23-5、图1-23-6）。我们将这个透明圈称为抑菌圈。

在含有白色念珠菌的平板中，结果略有差异：环丙沙星对白色念珠菌无杀灭或抑制作用，而在大蒜薄片的周围，也没有抑菌圈。但是当我们把琼脂表面的大蒜薄片去除，我们看到在琼脂与大蒜薄片接触的部位，菌落的生长依然被抑制，培养基澄清透明（图1-23-7）。

图1-23-3　实验用菌种

图1-23-4　实验照片

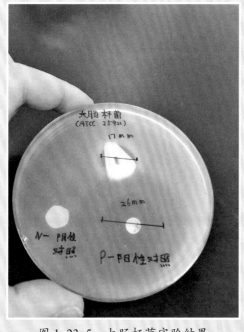

图1-23-5　大肠杆菌实验结果

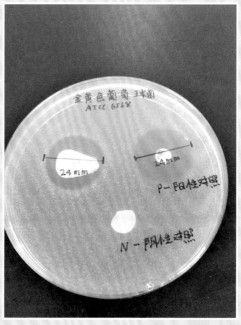

图1-23-6　金黄色葡萄球菌的实验结果

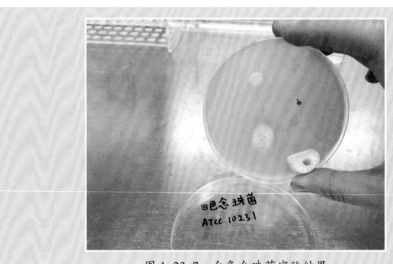

图 1-23-7　白色念珠菌实验结果

我的结论：

通过以上实验我们看到，大蒜对于以大肠杆菌和金黄色葡萄球菌为代表的一部分革兰氏阴、阳性细菌都有明显的杀灭或抑制作用。此外，它对以白色念珠菌为代表的真菌也有一定的抑制作用。

看来，大蒜能杀菌这句话就算不是完全正确，也算是有一定道理的。平时，我要多吃大蒜啦！

2016级（5）班　杨芊昕

24. 为什么妈妈做馒头的时候总要放酵母粉?

我怎么会想到这个问题的:

妈妈很擅长做面食,譬如擀面条、蒸馒头、包包子、烙大饼。有一天,妈妈蒸了一锅馒头,当锅中的水开始沸腾的时候,馒头的香味便随着蒸气四溢,充满了整个房间,馋得我直流口水。不一会热气腾腾的馒头出锅了,我迫不及待地抓起一个咬了一口,吃着吃着,我想到一个问题,于是问妈妈:"为什么刚才你做馒头的时候,往面粉里面加酵母粉,而擀面条、包包子、烙饼的时候却不用放呢?还有,为什么每次蒸出来的馒头口感不完全一样?"妈妈告诉我说,面粉在适宜的温度环境下会产生生化反应,发酵之后的面粉做的馒头口感更好,酵母其实是一种菌类物质,起到了加速(专业术语叫催化剂)分解面团中微量的葡萄糖和果糖的作用,把它们变成二氧化碳和酒精,同时还会产生微量的香味物质;妈妈还说,面粉在发酵时产生的二氧化碳气体被裹在面团中,蒸馒头时,面团中的气体受热膨胀,使馒头变得松软,而且发酵后的面团营养价值更高。

 ## 关于这个问题我的思考是:

思考一

如果不放酵母粉,能不能蒸出香甜可口的馒头?

思考二

发酵的程度可以控制吗?

思考三

如果放入的酵母比例相同,环境温度不同,蒸出来的馒头又会有什么差别?

我的验证过程：

针对上面的三个问题，我们进行了如下实验：

1. 先取四只小碗，分别标记1号、2号、3号、4号；

2. 每只小碗放入50克面粉；

3. 在1号和2号碗中分别加入1克酵母粉，加入适量的水，用干净的手和面调匀，如图1-24-1所示。

4. 1号和3号放在客厅的室温环境（约10℃），2号和4号放在温度稍高（约20℃）的空调房；

5. 放置8小时左右；

经过上述步骤后，可以看到四只小碗中的面团如图1-24-2所示。

6. 将四只小碗中的面团放入蒸屉的隔板之上，隔板下面加入适量的自来水，开始蒸馒头，蒸熟取出如图1-24-3所示。用菜刀将馒头切开，剖面图如图1-24-4所示。我逐个品尝之后发现，2号馒头吃起来口感最好，1号馒头口感比2号稍差一点，3号和4号馒头非常黏牙。

图1-24-2的结果表明：无论是高温还是低温发酵环境，加了酵母粉的面团比不加酵母粉的面团都要膨胀松软；加入相同比例的酵母粉时，面团在高温下比低温下的发酵反应更剧烈，面团膨胀得更大。

图1-24-4的结果表明：面团在温度稍高的环境下发酵，会在面团中产生较多和较大的蜂窝眼，吃起来口感更好。

图1-24-1　和面

图1-24-2　发酵8小时后

图 1-24-3　蒸熟后的馒头

图 1-24-4　馒头剖面图

我的结论:

　　有了酵母的帮助,面团可以在相对短的时间内产生更多的二氧化碳和有香味的物质,使得蒸熟的馒头,更加松软、香甜可口。

2015级（1）班　叶人铭

25. 如何快速检测食品中的亚硝酸盐是否超标?

我怎么会想到这个问题的:

我和爸爸喜欢吃榨菜、火腿、卤鸭脖之类的食品,妈妈却说,少吃这些东西,里面含有添加剂——亚硝酸盐。晚饭吃绿叶菜,妈妈说,不要剩,隔夜的饭菜不好,会有亚硝酸盐。之前新闻也有不少报道,有人吃路边摊的卤味食品引起亚硝酸盐急性中毒住院的,有吃了自己腌的咸菜亚硝酸盐中毒的,有吃隔夜菜亚硝酸盐中毒的,等等。

我想,这些我爱吃的食物都不能吃了吗?我最喜欢和爸爸啃着鸭脖看足球赛了,可是万一中毒怎么办?妈妈说,由于亚硝酸盐有毒,国家对食品中的亚硝酸盐含量规定了限量值,也就是允许的最高含量,食品中含有的亚硝酸盐低于国家允许值一般就不会引起中毒。于是我思考了一个问题,怎么能知道食品中亚硝酸盐含量是不是超标呢?怎么能避免中毒呢?如果能有一种方法可以快速地检测出食品中亚硝酸盐的含量,发现超标就不要吃了,不就避免了中毒现象发生吗?

关于这个问题我的思考是:

思考一 什么是亚硝酸盐?

亚硝酸盐是一种常见的食品添加剂,广泛用于食品加工业中的发色剂和防腐剂。它有三方面的用途:一、使肉制品呈现漂亮的鲜红色;二、使肉类具有独特的风味;三、能够抑制微生物,延长食物保质期。除了人为添加外,亚硝酸盐也可以从不新鲜的蔬菜中转化而来。亚硝酸盐不是人体所需物质,食用过量可能使正常血红蛋白转化为高铁血蛋白,失去携氧能力,出现中毒症状。中毒轻者可引起头晕、呕吐等,严重者甚至造成死亡。亚硝酸盐在人体内还可能产生一种叫亚硝胺的致癌物质,严重危害人体健康。

思考二 目前检测亚硝酸盐的方法有何利弊？

目前国家标准对于食品中亚硝酸盐含量的检测方法主要有离子色谱法和紫外可见分光光度计法。这些方法可以很精确地测出食品中亚硝酸盐的含量，但是仪器价格昂贵，操作过程较复杂，需要专业人员进行操作，不适于现场快速检测，不适合普通家庭使用。

思考三 如何快速简单地检测食品中的亚硝酸盐？

亚硝酸盐在弱酸性条件下，与对氨基苯磺酸重氮化后，再与盐酸萘乙二胺在常温条件下生成紫红色化合物，生成物颜色的深浅与亚硝酸盐含量成正比。

可以比较溶液和标准比色卡的颜色，对亚硝酸盐含量进行判断。先配制一系列不同浓度的亚硝酸盐标准溶液，加入显色剂，溶液呈现深浅不同的颜色，拍照保存，作为标准比色卡。食品中的亚硝酸盐通过加水处理之后提取出来，加入显色剂。观察样品瓶中溶液颜色，并与标准比色卡进行比较，得到样品中亚硝酸盐含量范围，判断是否超标。

我的验证过程：

1. 标准比色卡制作

配置一系列不同浓度的溶液，显色之后拍照保存，作为标准比色卡，见图 1-25-1（国家标准对肉类中亚硝酸盐含量限值是不超过 30 毫克 / 千克，对应标准色卡浓度为 3 微克 / 毫升）。

2. 提取食物中的亚硝酸盐（实验过程见图 1-25-2）

取市售三种火腿肠样品，分别打碎，各称取 1 克（每种火腿分别做两次平行样），放在离心管中，加 10 毫升水，超声振荡 10 分钟，静置 10 分钟。吸取 1 毫升上清液（如样品浑浊，可用离心机离心之后取上清液，或过滤后取过滤液）加到透明玻璃瓶中，向玻璃瓶中加显色试剂包，混匀、静置、显色。

3. 样品结果判断

空白溶液未显示出颜色（图 1-25-3），说明不含有亚硝酸盐，或者说含量非常低；

1 号样品颜色在标准色卡 5 号和 6 号之间（图 1-25-4），浓度为 0.5 ~ 1.0 微克 / 毫升，对应火腿中亚硝酸盐的含量为 5 ~ 10 毫克 / 千克；

2 号样品颜色在标准色卡 4 号和 5 号之间（图 1-25-5），浓度为 0.3 ~ 0.5 微克 / 毫升，对应火腿中的亚硝酸盐含量为 3 ~ 5 毫克 / 千克；

3号样品颜色在标准色卡3号和4号之间（图1-25-6），浓度为0.2～0.3微克/毫升，对应火腿中亚硝酸盐含量为2～3毫克/千克。

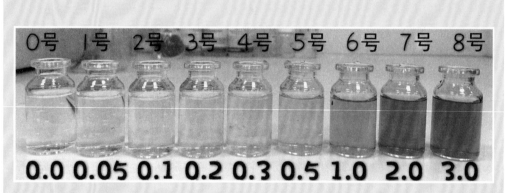

0号　1号　2号　3号　4号　5号　6号　7号　8号

0.0　0.05　0.1　0.2　0.3　0.5　1.0　2.0　3.0

图1-25-1　标准比色卡（单位：微克/毫升）

1号样品

2号样品

3号样品

称取1克样品

加水处理样品

试剂包加入溶液

显色后溶液

图1-25-2　样品测试步骤

图 1-25-3　空白溶液　　　图 1-25-4　1 号样品溶液

图 1-25-5　2 号样品溶液　　　图 1-25-6　3 号样品溶液

我的结论:

亚硝酸盐在一定条件下,可以与对氨基苯磺酸和盐酸萘乙二胺生成紫红色化合物,颜色的深浅与亚硝酸盐含量成正比,在溶液浓度 0～3 微克/毫升(对应火腿样品中亚硝酸盐含量为 0～30 毫克/千克)范围内,通过目测比色,对食品中亚硝酸盐含量进行判定。观察样品瓶中溶液颜色,与标准比色卡进行比较,得到样品中亚硝酸盐含量范围,判断是否超标。该方法简单方便,检测快速,成本低,试剂包相对安全、方便携带。制作的标准比色卡可以拍照彩打出来送给亲朋好友作为参考标准,希望其能在日常生活中得到广泛应用,避免食用亚硝酸盐超标的食物导致中毒的现象发生。

2015级(4)班　于跃朗

第二部分

安全工程篇

1. 为什么乘坐高铁或地铁时需要等候在黄色安全线以外?

我怎么会想到这个问题的:

在寒假期间,我和爸爸妈妈乘坐高铁出去游玩时,听到高铁站的广播提示大家要站在黄线以外有序候车。我看到大部分乘客有秩序地在黄线外排队,即使偶尔有人超过黄线,也会有站台服务人员及时地制止。我想到平时乘坐地铁出行时也会有这样的提示广播,在平时的安全教育课或宣传片中也有这样的提示。我感到非常好奇,为什么在高铁或地铁站台设置这条黄线呢?为什么候车时一定要求人们站在这条黄线以外候车呢?爸爸妈妈对我说,这条黄线又叫安全线,是为了保护乘客的安全专门设置的。我不禁又进一步思考,是不是站在黄线以内就会非常危险呢?如果站在黄线内又会发生什么样的事情呢?

关于这个问题我的思考是:

思考一

如果没有黄色安全线的设置,那么候车时乘客可能会离列车过近,大家为了赶车很容易发生推搡,而与进站的列车发生刮擦,造成乘客受伤,所以为了保持公共场所的秩序性,特别设置一条醒目的黄色安全线,用来警示大家。

思考二

当列车进站或快速过站时,由于列车运行的速度较快,可能会带来一股强烈的风将离列车过近的乘客向后吹倒而造成身体摔伤,所以特别设置一条醒目的黄色安全线,提醒乘客保持一定的安全距离，不要离列车太近。

思考三

当列车进站或快速过站时，由于列车的速度比较快，可能会对离列车过近的乘客产生吸力，造成乘客被吸到快速行驶的列车上，造成严重的人身受伤，所以特别设置一条醒目的黄色安全线，并广播提醒乘客在安全线外候车。

 我的验证过程：

在爸爸妈妈的帮助下，通过查阅资料，我发现设置黄色安全线主要是因为：当列车高速行驶过来时，如果人与列车距离很近，那人与列车之间的气流速度快，使得他们之间的压力非常小从而形成一定的真空状态。但人背后的压力是正常的大气压，因此在人身体的前后形成了一股强大的压力差，这使得人背后受到一股推向列车的推力，而造成人员受伤。这种流体速度越快、压强越小的现象，就是著名的"伯努利定理"。

我用两个以乒乓球为道具的实验来验证伯努利定理，观察流体速度越快、压强越小的现象。

实验一：准备两个乒乓球和若干吸管，将乒乓球放在桌子上，并保证两个乒乓球之间有一定的距离（图2-1-1）。用吸管吹向两个乒乓球中间，如果吹的风速够快，那么两个乒乓球会自动靠近，就像吸在了一起。这是因为用吸管向乒乓球中间吹气时，由于空气的流速快，使得乒乓球中间的气压变小而形成真空，

于是两个乒乓球就在大气压的作用下靠在了一起。

实验结果：向两个乒乓球中间吹气，乒乓球会自动靠在一起。

实验二：准备吹风机和乒乓球，将吹风机出风口向上或斜向上吹乒乓球，如果吹风机的风够大的话，乒乓球就会悬浮在空中。通过左右移动或转动吹风机（图2-1-2），乒乓球就像被施了魔法一样，会随着吹风机的移动而转动，继续悬浮在空中而不会掉下来。这是因为吹风机的风使乒乓球周围的空气流速变大，而压强变小，造成的气压差使乒乓球能被"束缚"在吹风的流道上，而吹风机朝上吹的力抵消了乒乓球自己的重力，于是乒乓球就悬浮在空中啦！

实验结果：乒乓球悬浮在吹风机的出口处，并随之移动或转动。

同时，我也了解到很多现象都可以用伯努利定理来解释。足球里的"香蕉球"以及一些其他球类运动的弧线球，是伯努利现象中的流体压强差导致的。旋转的球会带动球周围的空气一起旋转，

使球一侧的空气流速大、压强小，而另一侧的空气流速小、压强大，造成球的飞行轨迹弯曲。另外喷雾器也是利用流速大、压强小的原理制成的。还有飞机翅膀和汽车车身的弧线设计也利用了伯努利定理。

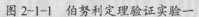

图 2-1-1　伯努利定理验证实验一

图 2-1-2　伯努利定理验证实验二

我的结论：

根据伯努利定理，流速越高的地方空气压强越小，所以列车快速进站时可能会把人"吸"过去，造成严重的人身伤害。站台的黄色安全线就是根据列车的最大通过速度来设定的安全距离。因此，请大家在候车时一定不要越过黄线！此外，伯努利定理在日常生活中的应用也是非常广泛的。

2018级（1）班　成语瑄

2. 晚上乘车为什么不能打开车内的灯?

我怎么会想到这个问题的:

我们全家人经常自驾出去玩儿,去过江南水乡周庄,去过滁州的琅琊山,去过原生态的江苏淹城野生动物世界,还去过享有"江南园林甲天下,苏州园林甲江南"之美誉的苏州园林。自驾路上难免有短暂的夜晚行车,晚上爸爸开车的时候总是不让我们打开车内的灯。夜晚坐在车里,为什么不能打开车内的灯呢?只有爸爸的车是这样吗?接着,我观察发现,夜晚道路上行驶的车辆车内几乎全部都是黑的。出租车、小轿车是这样,连公交车夜晚行驶也是停靠站了才会亮起车内的灯。由此可见,晚上车辆行驶过程中,车内是不允许亮灯的。这是为什么呢?爸爸说,是为了安全考虑,车内灯光太亮会影响他开车。可是车内亮灯是如何影响车辆行驶安全的呢?我觉得打开车内的灯,司机可以看清楚方向盘和各种按键,难道不是更安全吗?这个问题,我要一探究竟!

关于这个问题我的思考是:

思考一

日常生活中,有时候会看到白天在车辆行驶过程中,妈妈在车内打开灯的情况,好像并没有影响爸爸安全驾驶。那么,白天车辆行驶中驾驶室内的灯光是否会影响驾驶员驾驶车辆的安全性呢?

思考二

在晚上或者阴雨天天色昏暗的情况下,将车内灯光打开或者在驾驶室内将手机灯光打开,这时的灯光是否真的会影响驾驶员的行车安全?

思考三

在晚上或光线昏暗的车辆行驶条件下,如果乘客不小心掉了东西在车里,且急需寻找，但是此时路况又不允许停车，那么在得到驾驶员同意的情况下，开启车内哪个位置的照明灯对于驾驶员的影响最小？

我的验证过程：

对照实验组一：白天，驾驶室外明亮，打开驾驶室内灯光。在驾驶员的位置上向外看，可以清楚看到车外的道路、建筑物、行人，驾驶员可以做出正确的判断，保证安全（图2-2-1、图2-2-2）。

对照实验组二：夜晚，驾驶室外一片漆黑，打开驾驶室内灯光。这个时候，在驾驶员的位置上向外看，车前挡风玻璃好似一面镜子，可以清楚看到车内的物品。但对车外的道路、建筑物、行人辨识不清，无法做出正确判断。如果是在高速行驶的道路上，夜晚打开驾驶室内灯光是一件危险性极高的事情（图2-2-3、图2-2-4）。

对照实验组三：夜晚，驾驶室外一片漆黑，打开不同位置的车内照明灯和阅读灯。距离挡风玻璃越近、越亮的照明灯和阅读灯，对驾驶员位置影响越大，越会干扰驾驶员对车外环境的观察，反之影响越小；对于便携式光源，也是距离驾驶员和前挡风玻璃越近，对驾驶员位置影响越大，反之影响越小（图2-2-5、图2-2-6）。

物理光学原理：光线进入平面镜后由于光的反射而形成与实物相同的虚像。虽然白天和晚上前挡风玻璃都会出现光线反射，但由于白天车窗外光线较强，驾驶员的目光会被窗外更明亮的光线吸引，反射光线基本不会对他造成视觉干扰。

不同位置光源照射对驾驶员的影响

图2-2-1　白天车内关灯

图2-2-2　白天车内亮灯

图 2-2-3　夜晚车内关灯

图 2-2-4　夜晚车内亮灯

图 2-2-5　夜晚车内灯光弱

图 2-2-6　夜晚车内灯光强

会不一样，距离前挡风玻璃越近，光线越强或照射角度越小（直射驾驶员或者前挡风玻璃），反射光所形成的虚像越清楚，对驾驶员的影响就越大。

我的结论：

夜间车辆行驶时，如果在驾驶室开灯，车内的光亮度远高于车外，这个时候车前面的玻璃相当于一面镜子，驾驶员就很难看清前方的车辆和路况，增加了行驶风险；如果特殊情况需要光源，尽量选择离驾驶员和前挡风玻璃远的位置开启光源。所以，为了安全起见，请大家夜间尽量不要在驾驶室开灯或开启光源。

2018级（2）班　郝高祺

3. 红绿灯的三种颜色是怎么排列的？

我怎么会想到这个问题的：

　　在做寒假生活作业时，上面有一道英语题目要求将红绿灯涂色，并把灯的名称和指令连线对应。我就问妈妈："红绿灯的红、黄、绿三种颜色是怎么排列的呀？"妈妈回答说："那你看看窗外马路上的红绿灯是怎么样的呢？"我抬头一看，发现窗外马路上的红绿灯最上面是红灯，最下面是绿灯，中间是数字显示区域。当红灯换成绿灯时，数字显示区域会出现短暂的黄色。

关于这个问题我的思考是：

思考一

　　红、黄、绿三个颜色是否是最适合做交通信号灯的颜色呢？在道路交通中，红绿灯与我们的安全息息相关，所以红绿灯的颜色，既要容易被看到，还得是不容易被看混淆的颜色。

思考二

　　其他颜色，比如蓝色，是否也适合作为红绿灯的颜色呢？

思考三

　　我家窗户外的红绿灯是竖着的，好像在电视上曾经看到过有横的红绿灯，那么横着的红绿灯的三种颜色是怎么排列的呢？

我的验证过程：

　　关于思考一，我让妈妈帮忙在网上查询了一些资料。中国计量科学研究院光学与激光计量研究所博士孙若端曾在一次采访中表示："从红绿灯颜色的选择来说，首先选择了色调差异很大的三种颜色，在色调里面，是用一个色调的圆环来对颜色进行一个排列，在色调环上距离越远的颜色，色调差异就越大，更容易被我们所区分。"从色调环上可以看出，红色和绿色处在趋于对称的位置，相差约 180 度，所以红色和绿色是一组不易被看错的颜色（图 2-3-1、图 2-3-2）。孙博士介绍："黄色的这个区域，刚好是在红色和绿色这两个区域的中间，这样黄色也能够保证可以和红色、绿色有一个明显的色调的差异。"

关于思考二：根据红绿灯发展的历史，不管是煤气灯还是电灯，它们都是热辐射发光原理的灯，蓝色光谱的成分就会比较低，因此，蓝色的灯很有可能亮度就会非常弱。专家也曾用一个实验来说明这种光谱特性。准备一个白炽灯，早期的红绿灯所使用的灯罩 —— 红、黄、绿三种颜色，还有一个照度测

试仪——用来测量物体能够被照亮的程度。依次给白炽灯遮上红色、黄色和绿色灯罩，照度值依次为 0.685 千勒克斯、1.748 千勒克斯、0.245 千勒克斯。黄色灯罩被照得最亮，红色绿色次之。用一个蓝色的滤光片，把它遮挡在白炽灯前面，照度为 0.070 千勒克斯，很明显，在白炽灯上对黄色的照度约为蓝色的 25 倍。

家里没有这些专业设备，我和妈妈打算利用简单的工具再来验证一下这个结果。找了四张厚薄一样的彩纸，在黑暗的环境里，放在 LED 台灯前，从视觉上还是能看出蓝纸被照亮的部分最少（图 2-3-3）。

对于思考三，我和妈妈在小区附近兜了一圈，发现都是竖向的红绿灯。最后爸爸也加入我们的队伍，在他上班路上帮我们找到了答案（图 2-3-4、图 2-3-5）。

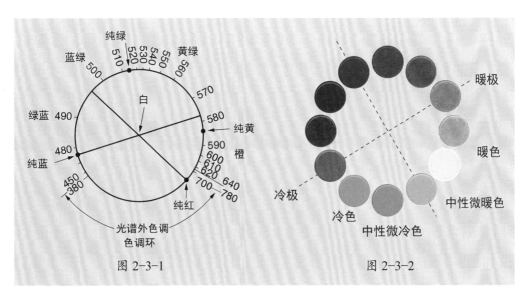

图 2-3-1

图 2-3-2

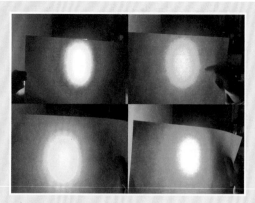

图 2-3-3

图 2-3-4　竖向红绿灯

图 2-3-5　横向红绿灯

我的结论：

经过和妈妈一起做简单的实验、查询网络资料和实际马路上的走访发现，竖向安装的红绿灯由上向下应为红、黄、绿；横向安装时，由左至右应为红、黄、绿。当然，随着实际道路交通的发展和需求，针对不同的车道，比如机动车道、非机动车道和人行道，会设置不同的信号灯，例如：有箭头作为标识的，有一个人形作为标识的。但是基本的颜色设置还是保持不变，红色代表停止，绿色代表通行。

2017级（5）班　陈思成

4. 静电会让人触电吗?

我怎么会想到这个问题的:

前几天天气冷,房间里开了一天空调。晚上我睡觉前脱衣服,伴随着"噼里啪啦"的响声,毛衣间闪烁着神奇的蓝光。一个问号在我脑海里闪过:这是魔术吗? 我急忙跑去问爸爸。爸爸说:"这是静电。"我想起来,有次放学时我想去牵妈妈的手,碰到妈妈手的瞬间,手指尖传来一阵刺痛,吓得我赶紧把手缩回来。当时妈妈也说:"这是静电。"爸爸又接着说:"静电是由原子外层的电子受到各种外力的影响发生转移,分别形成正、负离子造成的。任何两种不同材质的物体接触后都会发生电荷的转移和积累,形成静电。"例如刚才我脱衣服时,毛衣和秋衣直接摩擦形成静电。虽然爸爸给了解释,但是我的脑中还是有无数个问号:静电是什么? 为什么摩擦会产生静电? 什么情况下,摩擦能够产生静电? 无处不在的静电对身体有危害吗? 我和爸爸一起查阅资料,一一解开这些谜题。

 ## 关于这个问题我的思考是:

思考一 静电是什么?

所谓静电,就是一种处于静止状态的电荷或者说不流动的电荷。电荷分为正电荷和负电荷两种。当正电荷聚集在某个物体上就形成了正静电,当负电荷聚集在某个物体上时就形成了负静电。当带静电物体接触零电位物体(接地物体)或与其有电位差的物体时都会发生电荷转移,也就是我们日常所见的火花放电现象。例如:北方冬天天气干燥,人体容易带上静电,当接触他人或金属导电体时就会出现放电现象,人就会有触电的针刺感。

思考二 为什么摩擦会产生静电?

物质是由分子组成的,分子又是由原子组成的。而原子由带负电荷的电子和带正电荷的质子构成。在正常状况下，一个原子的质子数与电子数相同，正负平衡，所以对外表现出不带电的现象。但是电子环绕于原子核周围，若受到外力（包含各种能量，如动能、位能、热能、化学能等）可能脱离轨道。如图2-4-1所示，电子c和d经过摩擦离开原来的原子A，侵入其他的原子B；A原子因减少电子数而带有正电，称为阳离子；B原子因增加电子数而带负电，称为阴离子。

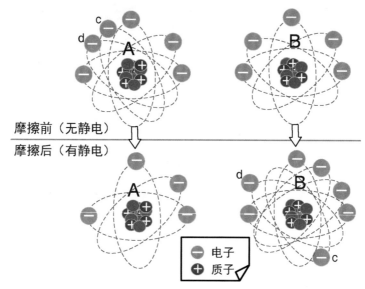

图2-4-1　静电产生示意图

思考三 什么情况下，摩擦能够产生静电？

　　（1）相互摩擦的物体是由不同的物质组成的。同种物质的原子核对核外电子的束缚能力是相同的，不会出现电子的得失，因此不可能起电。（2）摩擦起电的两个物体要与外界绝缘。如果用手拿着金属棒去摩擦别的物体，金属棒是不会带电的。这是因为金属、人体、大地都是导体，摩擦过的金属棒上所带的静电会通过人体传给大地。

思考四 无处不在的静电对身体有危害吗？

　　静电对人体有一定程度的危害。在日常生活中，产生的静电压有时可高达数万伏。但是由于摩擦起电的时间极短，所产生的电流量也很小，因而一般不会造成生命危险。可是在特殊场合（如易燃易爆物品生产、运输过程、医疗手术等），静电火花可能引起爆炸、故障等情况，从而伤害相关人员。此外，静电吸附的大量尘埃中含有多种病毒、细菌与有害物质，对人体健康有危害，严重的静电现象会使人体皮肤起斑、发炎，甚至引发气管炎、哮喘和心律失常。

我的验证过程：

为了更好地理解摩擦起电和静电感应现象，我决定做静电小实验。平时玩的气球，质量轻、颜色醒目、绝缘性能好，很适合做静电实验。刚好家里有一些气球，我做起了相关静电实验。

一、实验材料

气球、细线绳、纸杯、水、毛垫子、吸管、大头针、瓶子、纸板。

二、实验原理

当气球和毛垫子互相摩擦时，一些束缚不紧的电子从毛垫子跑到了气球上，于是气球得到电子而带负电。当带负电的气球靠近其他导体时，由于电荷之间的相互吸引或排斥，导体中的自由电荷便会趋向或远离带负电的气球。由于电荷之间的互相作用，物体开始发生转动或偏离原来的位置。

三、实验过程

实验一：闹脾气的气球

实验步骤：（1）将两个充好气的气球用细线系好并悬挂，使气球保持静止；（2）取另外一个气球，在毛垫子上摩擦；（3）将摩擦后的气球靠近悬挂的气球；（4）在两个气球中放一张纸卡；（5）观察实验现象。

实验结果：如图 2-4-2 所示，摩擦后的气球靠近悬挂的气球时，悬挂的气球会躲开；若在两个气球中放一张纸卡，两个气球又会紧紧地贴在纸的两边。

实验二：拐弯的水流

实验步骤：（1）用大头针在一次性纸杯杯底钻一个洞；（2）往纸杯中装水，形成一个小水流；（3）取一个充好气的气球，在毛垫子上摩擦；（4）将摩擦后的气球靠近水流；（5）观察实验现象。

实验结果：如图 2-4-3（a）所示，当摩擦后的气球靠近水流时，原本垂直的水流居然神奇地拐弯了。

我多次实验总结的小经验：气球不要摩擦太久，纸杯的洞要小点，气球不要碰到水。

实验三：逃跑的吸管

实验步骤：（1）将废弃瓶子放在桌上；（2）用毛垫子包着吸管摩擦，把摩擦后的一根吸管放在瓶盖上不要动；（3）用另外一根摩擦后的吸管去靠近瓶盖上的吸管；（4）观察实验结果。

实验结果：如图 2-4-3（b）所示，发现用另外一根摩擦后的吸管去靠近瓶盖上的吸管时，瓶盖上的吸管会转起来。

实验四：长在头上的气球

实验步骤：（1）取一个充好气的气球；（2）将气球在毛垫子上摩擦；（3）将摩擦后的气球快速放在头上；（4）观察实验现象。

实验结果：如图 2-4-3（c）所示，摩擦后的气球会挂在头发上；如果头发较短可以很明显看到头发被吸起来。

（a）悬挂好气球

（b）用毛垫摩擦气球

（c）气球躲开了

（d）放了纸卡

图 2-4-2　实验一的过程和结果

（a）实验二

（b）实验三

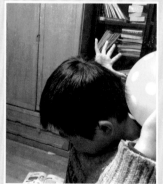
（c）实验四

图 2-4-3　实验二～四的过程和结果

我的结论：

现在我们知道：因为空气也是由原子组合而成，所以人们生活的任何时间、任何地点都有可能产生静电。但是冬天空气比较干燥，更容易产生静电。在日常生活中，任何两个不同材质的物体接触后再分离，即可产生静电。静电对人体有一定程度的伤害，还可能引起火灾或爆炸。消除静电危害最简易的方法就是把静电引入地下，如用导线使设备接地；在日常生活中，也可采用一些简易措施来消除静电，如内衣、被里、床单、被罩等要使用棉织品为好，尽量不用化学纤维制品；在家居室内可经常洒水、喷雾加湿等来消除静电。工业和生活中已经开始尝试使用静电造福人类，如静电除尘、静电喷涂、静电植绒、静电复印等。

2016级（3）班　范宇轩

5. 人们在乘坐小汽车时，为什么一定要系安全带呢？

我怎么会想到这个问题的：

今年寒假，爸爸开车带我去浙江安吉参加五子棋比赛。由于天气寒冷，我们都穿着厚厚的羽绒服。虽然我们个个裹得像粽子一样，系上安全带非常不舒服，但是爸爸仍要求大家都系上安全带。由于我身高只有127厘米，爸爸还特意提醒我必须坐上儿童安全座椅，再系安全带。对于老爸的命令，我不得不服从，可是我不由地思考起这个问题：人们乘车时为什么一定要系安全带呢？不系安全带多舒服多自在啊！如果大人系上安全带再抱紧小朋友行不行呢？作为小学生的我，为什么不能像大人那样直接系上安全带，而必须要先坐在安全座椅（或增高垫）上呢？

关于这个问题我的思考是：

思考一

如果人们乘车时不系安全带，那么在一定速度下发生交通事故，可能会出现什么后果？如果系了安全带，发生碰撞事故，结果又会怎样？要验证这个假想，我们需要通过碰撞实验，用安装有传感器的假人代替真人来检验结果。

思考二

乘车时，如果成人系上安全带，然后再把小朋友抱在身上，那么发生碰撞时，小朋友安全吗？我们以体重30千克的儿童假人为例，模拟碰撞，计算为保护儿童不受伤害，成人需要多大的力气才能抱住儿童。

思考三

假如小朋友不坐安全座椅或增高垫，而是像成人那样直接系上安全带，这样是否安全？我决定自己亲自到车子上试验一下，看看在这种情况下，安全带能否起到保护作用。

我的验证过程：

正好爸爸公司新开发的汽车需要做安全测试，我带着上述疑问，请求爸爸在不影响公司工作的前提下让我参与试验，希望能够在这些试验中验证并解答我提出的假设和疑问。

试验前，我们先将模拟真实驾驶员的假人安装到汽车座椅上，并且给假人系上安全带，如图 2-5-1。同时，在后排装好儿童座椅，随后将模拟 3 岁儿童的假人安装到儿童座椅上，再用儿童座椅自带的安全带系住，如图 2-5-2。需要说明的是，汽车安全测试中，用假人替代真人，一方面是为了避免对真人的伤害；另一方面假人身上安装有各种各样的传感器，可以测量各种伤害值，例如不同部位受到的冲击力和身体受到的挤压变形量。

一切准备就绪后，我们用牵引钢缆将汽车提速到 50 千米 / 时，汽车很快就撞到一堵非常坚固的墙上。撞击过程一眨眼工夫就结束了，只见汽车车头撞得面目全非，见图 2-5-3。这相当于汽车以 50 千米 / 时的速度行驶，突然撞到水泥护栏上或者撞到大卡车上。

试验后，将安装在假人身上的传感器显示的腰部安全带力（图 2-5-4）和肩部安全带力加起来，碰撞瞬间的最大力竟然超过 1 万牛顿。这个力相当于十几个大人叠罗汉时压在最下面的人受到的

压力。由于安全带能够将力分摊到人体比较坚固的部位，比如盆骨和肩膀，所以碰撞试验后，假人基本上没有受到太大的伤害。同时，由于系了安全带，假人被紧紧地绑在座椅上（图 2-5-5），其腿部、胸部和头部没有撞击到车内坚硬部件。

如果在这种事故中，没有系安全带，人将会以接近 50 千米 / 时的速度冲击方向盘和前挡风玻璃。撞击的力度会远远超过系安全带的力，而且往往撞击的是人体比较脆弱的部位，比如头部和胸部，从而造成严重的伤害，甚至人有可能从撞碎的挡风玻璃直接飞出去，撞到外面的物体，这样伤害就更加严重了。

对于此次试验中的儿童假人，由于乘坐在儿童座椅上，并且系上了安全带，整个碰撞过程中没有接触到除儿童座椅外的其他部位，所以儿童假人所受的伤害值也比较小。可见，使用儿童座椅和安全带后，儿童假人受到了很好的保护。

如果在试验中，儿童没有使用儿童座椅，也没有系安全带，那么同样会以50 千米 / 时的速度冲击前排座椅，甚至飞出车外，受到严重伤害。

关于思考二，本次试验中，车子减速度最大值在 40 g[①]以上（图 2-5-6），以 30 千克重的儿童为例，则需要大约12 000 牛顿的力才能抱住儿童（图 2-

---

① g 为重力加速度。

5-7），这相当于抱起一头公牛那么大的力气。所以，发生事故的时候，大人力气再大，也是抱不住儿童的。汽车速度越快，事故中车子的减速度就越大，就需要更大的力气才能抱住儿童，见图2-5-7。

关于思考三，我们小朋友如果不坐儿童座椅，而是像大人一样直接系安全带会怎么样？我在自家的车子上做了个小试验，发现以我目前的身高（127厘米），如果不坐安全座椅或者儿童增高垫，而是直接使用安全带，那么安全带正好会勒到我的脖子，如图2-5-8所示。如果发生交通事故，安全带勒到脖子，容易导致脆弱的脖子受伤，甚至发生窒息。所以我们小朋友是不能直接用大人的安全带的，而是要先坐在儿童座椅上，再系安全带。这样，安全带就刚好勒在肩膀上，而不会勒到脖子，如图2-5-9所示。

图2-5-1 安装驾驶员假人

图2-5-2 安装儿童假人

图2-5-3 试验后汽车变形

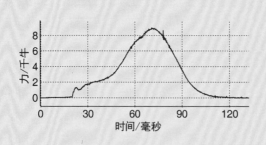

图2-5-4 驾驶员假人腰部安全力

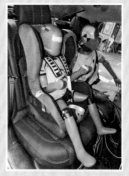

图2-5-5 试验后儿童假人

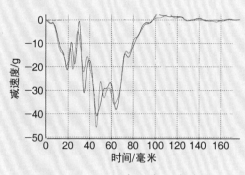

图 2-5-6 试验中汽车的减速度

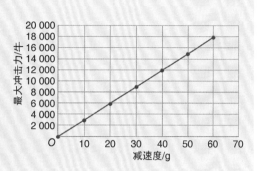

图 2-5-7 减速度和儿童最大冲击力的关系

图 2-5-8 不坐儿童座椅直接系安全带

图 2-5-9 坐上安全座椅再系安全带

我的结论：

人们在乘坐小汽车时，一定要系上安全带，否则发生交通事故，后果不堪设想。小朋友们乘车时，必须坐在安全座椅或者增高垫上再系安全带，不能直接使用安全带，更不能由大人抱着。让我们小花栗从自身做起，监督家人，为了我们的生命安全，做一名乘车安全小卫士。

2016级（5）班　肖攸怡

6. 机器人是如何避开障碍物的?

我怎么会想到这个问题的:

  远途旅行的时候,爸爸、妈妈经常带我坐飞机。下飞机后在等待取行李时,我发现机场提取行李转盘有一个有趣的现象:在行李输送带上的行李即将到达时才会启动行李转盘,等待行李输送带上的行李到达(落盘)。行李落盘后,输送带暂停,行李转盘匀速转动,当行李转盘上的落盘口处的间隙大于等于放下下一件行李所需要的间隙时,行李转盘停止转动,等待输送带上的行李落盘;若间隙不足够放下下一件行李时,行李转盘继续匀速转动,直到落盘口处的间隙能够放下下一件行李,转盘暂停,等待行李落盘(图2-6-1)。行李转盘是通过什么方式来判断间隙的大小,从而控制行李不会叠落在一起呢?这是我一直非常好奇的问题。

  我们家里的扫地机器人在扫地时,碰到墙壁或其他障碍物,会自行转弯。还有的扫地机器人具备智能避障功能,首次碰撞后能够产生记忆,形成区域地图,这样机器人在行走到之前碰撞的区域附近时,会提前减速缓冲,防止再次碰撞。这些扫地机器人又是通过什么方式来避开障碍物的?

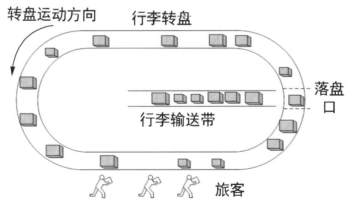

图 2-6-1　行李转盘示意图

关于这个问题我的思考是:

思考一 行李转盘上的行李为什么不会叠落在一起?

通过检索文献和查看类似产品的技术介绍,发现在行李转盘的落盘口处一般有很多感应器,这些感应器最常见的是红外传感器、超声波传感器(图2-6-2),也有的是微型监控摄像头。红外传感器和超声波传感器会检测在落盘口的宽度范围内是否有行李(障碍物),如果检测到有行李,则发出控制信号,控制行李输送带暂停工作,这样就能保证行李转盘上的行李不会叠落在一起了(图2-6-3)。装有微型监控摄像头的行李转盘系统,会采用图像识别的算法,不停地检测落盘口处是否有行李。

图2-6-2 超声波传感器

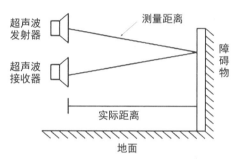

图2-6-3 超声波传感器工作原理

思考二 扫地机器人是怎么实现自动清扫整个房间的?

扫地机器人配有感应器,可侦测障碍物,配合机身设定控制路径,在室内反复行走,如沿边清扫、集中清扫、随机清扫、直线清扫等打扫模式。通过传感器感知到在其规划路线上存在静态或动态障碍物时,按照一定的算法实时更新路径,绕过障碍物。

思考三 一般的距离传感器有哪些? 它们是怎样测距的?

距离传感器一般有红外线测距传感器、超声波测距传感器、激光雷达测距传感器,这些传感器是属于非接触式的。接触式的传感器有电感式位移传感器、电容式位移传感器、旋转编码器、磁性尺、光栅尺等,移动机器人中一般很少用接触式的传感器。距离传感器一般是通过"飞行时间法"来测量距离的,即通过测量某种物质从发射到被物体反射回来的时间来计算时间间隔从而计算与物体之间的距离,其发射的物质可以是超声波、光脉冲等。

我的验证过程：

（1）首先准备一个小车机器人（小氪教育机器人），如图2-6-4所示。

（2）小车机器人自带了超声波传感器，如图2-6-5所示。

（3）超声波传感器模块连接到小车机器人主板的接口上。超声波传感器可以通过超声波发射后碰到障碍物返回的时间来计算出障碍物与小车的距离。但小车机器人想要得到这个距离的具体数值，则需要进行"翻译"，即需要用配套的机器人编程软件编写程序。在程序中用一个变量的值来读取这个距离。

（4）编写小车机器人控制程序，使小车能够自动躲避障碍，如图2-6-6所示。

（5）控制程序实现如下的功能：① 当小车距离障碍物较远时，小车向前行驶；② 当小车距离障碍物较近时，使小车向左或者向右转弯；③ 当小车距离障碍物很近时（此时即使转弯也可能撞到障碍物），使小车向后退。控制程序如图2-6-7所示。

（6）程序编写完成后，下载控制程序到小车机器人中，测试小车的避障性能，如图2-6-8所示。

图 2-6-4　小车机器人

图 2-6-5　小车机器人自带的超声波传感器模块

图 2-6-6　编写机器人控制程序

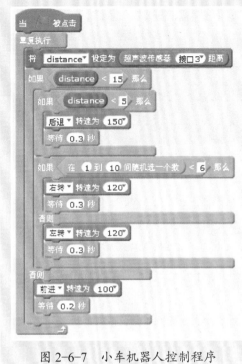

图 2-6-7 小车机器人控制程序　　　　图 2-6-8 避障性能测试

我的结论：

通过距离传感器模块，可以获得机器人与障碍物之间的距离，再结合机器人的相关避障算法，就可以控制机器人自动躲避障碍物。

2015级（5）班　许 旻

7. 平板桥和拱桥，哪种桥更结实呢？

我怎么会想到这个问题的：

上海是一个河流纵横的城市，爸爸、妈妈带我出去玩儿的时候，经常会路过各种各样的桥。既有横跨黄浦江的大型公路桥，也有古镇小河上只能供人行走的石拱桥。我很喜欢观察不同的桥梁，我觉得它们都很漂亮。斜拉桥是将主梁用很多斜拉索拉在塔柱上的桥，可以盖得很高、很长，看起来非常壮观。石拱桥是用天然石料作为主要建筑材料的拱桥，有悠久的历史，是中国传统桥梁的基本形式之一。但同时我也发现，桥梁里面很少有简单的平板桥（我对平板桥的定义：两岸间用一平板直接连接的桥），是因为它们不漂亮吗？还是因为它们不如其他类型的桥梁结实呢？我决定亲手用乐高搭出平板桥和拱桥，对比一下两种桥，看看哪种桥更结实。

关于这个问题我的思考是：

思考一

我们看到的桥梁有不同的类型，按照结构可分为：梁式桥、拱式桥、斜拉桥和悬索桥。大型桥梁里绝对看不到简单的平板桥，所以我想：不同的结构可能对桥梁是否结实有很大影响。为了对比，我想用乐高搭出两种桥梁的模型，一个是简单的平板结构，一个是拱形的结构，以对比哪个更结实。

思考二

桥梁的作用是帮助我们通过不能直接相连的陆地，桥越长、跨度越大就越难建造。所以我觉得，可能桥越长越难建得结实。我想用乐高搭出尽可能长的模型，来对比两种结构哪个更稳定。同时，为了排除高度的影响，我搭的两种模型应该一样高。

思考三

　　桥梁的另外一个主要功能是承重。能承受更重的负载保持稳定，才是结实、安全的结构。所以我想在两种模型上加上重量，看看哪个能承受更大的重量。能承受更大重量的那个结构，也就是更结实的结构。

我的验证过程：

　　如图2-7-1、图2-7-2，用乐高搭出平板桥和拱桥的模型各一个，两个模型的长度和最高高度均相等。

　　用盒装牛奶做重物加载，一盒1升装的牛奶质量约为1 000克。

　　首先将一盒牛奶分别放到两座乐高大桥上，对比两种结构的变化。从图2-7-3可以看到，平板桥上放了一盒牛奶（约1 000克）后，桥的横梁明显向下弯曲了，但是桥的总体结构还保持稳定，看起来还比较"安全"。图2-7-4是拱形桥承载了

1 000克牛奶后的照片，可以看到，拱形桥在这个重量压力下无任何变化。

　　接着，我同时用了两盒牛奶（大约2 000克）来测试两种桥的稳定性（图2-7-5）。先进行测试的还是平板桥，可惜我刚将牛奶放上去，一松手，桥就从梁和立柱的位置折断，塌了。

　　然后，我也在拱桥模型上放了两盒牛奶（图2-7-6），从照片上可以看出，拱形桥在增加了负载后，结构仍然非常稳定，没有一点变化。

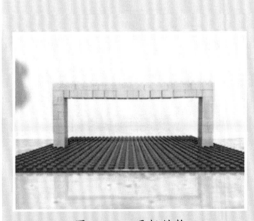

图2-7-1　平板结构

图2-7-2　拱形结构

图 2-7-3

图 2-7-4

图 2-7-5

图 2-7-6

我的结论：

（1）增加桥梁的承重会破坏桥梁结构的稳定性。

（2）简单的平板桥和拱桥对比，拱桥能承受更大的重量，所以更稳定。

（3）拱桥更稳定是因为桥的受力更均匀，拱形结构可以把桥面承受的力扩散到两端，最终由和桌面接触固定的两个面承受。而平板桥的桥面和立柱的两个直角相交位置应力集中，使其成为整个结构中相对脆弱的地方。这样在超过平板的承重极限后，结构就被破坏掉了。

2017级（4）班　李之涵

第三部分

材料科学篇

1. 如何将橘子皮变废为宝，制备出用于有机污水处理的"神奇"碳材料？

我怎么会想到这个问题的：

橘子酸酸甜甜，是我很喜欢吃的水果。但是每次吃完橘子的果肉后，都会剩下很多橘子皮。可怜的橘子皮通常被扔到垃圾桶里，我想知道能不能将它有效利用起来呢？

通过阅读科技杂志我发现，橘子皮除了可以制作美味的陈皮食品，也可以制备成为碳材料，并将其用于处理有机污水。首先，我想到直接在空气里加热，这样橘子皮就会燃烧，产生二氧化碳和水，排放到大气中。那么如何将橘子皮变废为宝，制成"神奇"的碳材料，用于污水净化，保护水资源呢？

 关于这个问题我的思考是：

思考一

是否可以通过简单加热的方式，将橘子皮制备成碳材料。通过查阅相关资料发现，如果直接在空气中加热橘子皮，由于生物质能够在空气中燃烧直接生成二氧化碳气体，不会有黑色碳材料产生。如果在惰性气氛（如氩气）下加热橘子皮，将能获得黑色固体物质，也就是"神奇"的碳材料。

思考二

"神奇"的碳材料是可以吸附有机物的。通过查阅资料发现，碳材料具有良好的吸附能力，作为吸附剂能够吸附废水中的有机物（如颜料）。同时，碳材料也具有"神奇"的催化能力，在氧化剂存在的条件下，可有效地将废水中的有机污染物变为二氧化碳和水。可见，碳材料不仅能吸附有机污染物，还能将其完全氧化，生成二氧化碳气体。

我的验证过程：

按照思考一的方案制备碳材料，如图 3-1-1。

首先将橘子皮晒干，研磨成粉。之后将橘子皮在氩气氛围中加热，最后得到的黑色固体也就是"神奇"的碳材料。

其次，将制备好的碳材料（图 3-1-2）50 毫克投入亚甲基蓝溶液中，不断搅拌。亚甲基蓝是染料，经常污染水体。通过一段时间吸附后，再加入氧化剂（如过硫酸氢钾），在固定时间间隔下，观察颜色变化，如图 3-1-3 所示。碳材料不仅对于亚甲基蓝溶液具有很强的氧化降解性能，对其他有机污染物也同样有良好的效果。更换不同有机物（苯二酚、对羟基苯甲酸）进行实验，在叔叔和阿姨的帮助下通过分析液相色谱发现，刚开始时，有机污染物的浓度下降很快，证明碳材料的催化能力很强，在 20 分钟之后反应逐渐结束，即有机污染物已经变成了无污染的二氧化碳和水等产物。这些实验结果表明：碳材料对于有机污染物具有良好的催化降解能力。

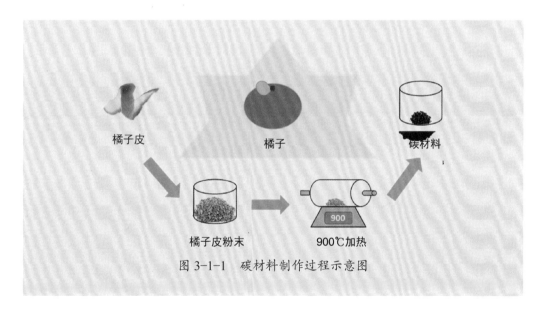

图 3-1-1　碳材料制作过程示意图

图 3-1-2　碳材料制作

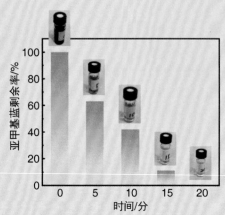

图 3-1-3　碳材料催化降解亚甲基蓝溶液
颜色及浓度变化图

我的结论：

　　看起来小小的橘子皮，其实具有大大的能量。通过无氧环境下的加热，橘子皮就变成了无所不能、"神奇"的碳材料。采用这种碳材料，可有效催化降解水体有机污染物，起到保护环境的效果。上述的实验对于地球中的碳循环具有深刻的意义。

2016级（2）班　段之皓

2. 通过炭化的方法，能否将废弃的树叶变废为宝？

我怎么会想到这个问题的：

每年秋冬时节，小区、公园还有学校里就到处是落叶。尤其刮风的时候，很多树叶到处乱飞，不仅影响环境美观也难以清扫，给环卫工人带来很大麻烦。通过查阅资料得知，目前很多城市清理的树叶都沿袭了"一烧了之"的传统，但这样不仅会造成空气的污染，同时也是资源的浪费。所以我想，这些树叶能不能变废为宝呢？

我想到自己用过的竹炭鞋垫，最初也是用竹子烧成竹炭然后制成的。那么同样都是植物，能不能把树叶也做成碳材料并且加以利用呢？通过查阅资料，我知道树叶的主要成分是纤维素和木质素，主要化学元素是碳、氢、氧、氮等。如果高温炭化的话，是有可能将其变为碳材料的。

关于这个问题我的思考是：

思考一 树叶的主要化学成分为碳、氢、氧、氮，可以用炭化的方法，将其转变成多孔的碳材料，可以解决因传统燃烧树叶造成的环境污染和资源浪费问题。

通过查找资料，我发现处理树叶的传统方法为燃烧，燃烧时树叶中的碳元素和空气中的氧元素会产生大量二氧化碳，不仅可能加剧温室效应，如果处理不妥当，还会引起火灾。而炭化是在缺氧或者无氧环境下进行的，可以将树叶中大量的碳元素保留下来，形成碳材料，从而减少了二氧化碳温室气体的产生。

思考二 炭化后的树叶形成的碳材料具有大量的孔隙。

树叶（例如我们小区的红杏叶、橡树叶）的背面本身就布满了细小的孔，将其高温炭化后，树叶内部的结构会发生变化，从而产生更多的孔。另外当树叶在高温缺氧环境中时，内部结构部分分解，除了部分碳元素外，其他元素的绝大部分都变成气体溢出跑掉了。剩余部分变成了黑色的具有多孔结构的炭黑。

思考三 树叶炭化后形成的多孔碳材料可以用来吸附有毒染料分子，保护环境。

　　通过查找资料发现，可以利用细孔炭黑材料吸附电解质做电池。所以我想也许也可以用炭化得到的多孔碳材料对有机染料进行吸附。大部分有机染料对环境和生物是有一定危害的，像罗丹明B这类染料还具有致癌性。所以用树叶炭化后形成的多孔碳吸附诸如罗丹明B这类有机染料应该很有意义。

我的验证过程：

　　1. 对思考一进行验证如下：用传统的燃烧法点燃树叶之后，树叶燃烧过程中会有黑烟，并伴有刺激的气味。而对树叶进行高温炭化可以避免这些问题。经过查阅文献和咨询老师，确认了可以通过管式炉对树叶进行炭化处理。

　　验证过程：收集50克树叶，将其剪碎，放在数个瓷方舟内，用管式炉进行升温处理。在氮气而非空气的环境下，先升温到150℃除水，随后继续升温到800℃并保温2小时，降至室温以完成炭化过程。最后得到了黑色的固体粉末（图3-2-1、图3-2-2）。

　　2. 对思考二进行验证如下：为了证明黑色的碳材料里有很多孔的存在，查阅资料后发现可以用气体填充孔，然后对填充气体的量进行测量从而获得碳材料内部真实孔的情况。

　　验证过程：称量100毫克碳材料，先在真空环境下100℃保温8小时，排除孔内水分。然后在氮气吸附脱附仪器上进行测量，最后由仪器得出了碳材料

的比表面积情况和孔径分布情况。如图3-2-3（a）所示，得到的炭黑具有高达899平方米/克的比表面积，这么大的比表面积说明该炭黑内确实有很多气孔，同时仪器给出的孔径分布［图3-2-3（b）］也说明了该炭黑里具有几个纳米大小的孔。因此将树叶炭化得到的炭黑是具有高比表面积的多孔性的材料。

　　3. 对思考三进行验证如下：称取一定量的碳材料，投入装有罗丹明B溶液的烧杯中进行反应，观察反应前后溶液颜色的变化，可以验证其吸附性能。

　　验证过程：称取100毫克碳材料，投入装有罗丹明B溶液的烧杯中，持续搅拌2小时。搅拌结束后，将溶液离心，以10 000转/分的转速离心10分钟，得到溶液和沉淀下来的炭黑材料，和之前的溶液相比较可以发现，经过碳材料处理之后的罗丹明B溶液的红色明显消失了，说明通过树叶炭化后得到的碳材料确实可以对有机染料罗丹明B进行吸附（图3-2-4）。

图 3-2-1 图 3-2-2

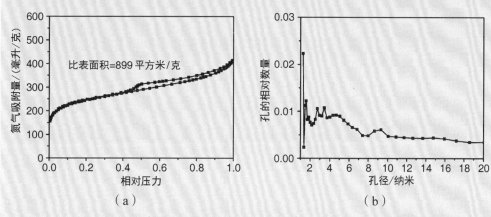

图 3-2-3 树叶炭化得到的炭黑的氮气吸附–脱附等温线图（a）以及炭黑的孔径分布图（b）

图 3-2-4 罗丹明 B 染料被树叶炭化得到的炭黑所吸附的照片

我的结论：

通过高温炭化的方法，成功地将废弃的树叶转化为炭黑。经验证该炭黑具有高的比表面积和多孔性。水溶液中有毒染料罗丹明 B 的吸附实验证明了该炭黑具有从水溶液中移除有害物质的能力，是一种有用的吸附剂。另外，该多孔的碳材料也可能还有其他用途。比如，可以放在冰箱里，利用它的微小孔隙去吸附冰箱食物所产生的气体；也可以缝在鞋垫内来吸收脚上出的汗，另外还可以去除新装修房子里面的甲醛和苯等有害气体。

2015级（1）班　顾子牧

3. 双层玻璃比单层玻璃好在哪?

我怎么会想到这个问题的:

现在,越来越多的商店、家庭、办公楼在装修房屋时选用双层玻璃。由于双层玻璃的制造以及用料都要比普通的单层玻璃复杂得多(图3-3-1),所以双层玻璃的成本一定高于普通单层玻璃的成本。那为什么越来越多的人开始选用双层玻璃来替代普通的单层玻璃呢?双层玻璃一定有着特殊的功能和用途。

于是我就去问爸爸,爸爸告诉我双层玻璃比普通的单层玻璃有着良好的隔音效果和节能功能。

双层玻璃

玻璃
铝扣条
密封胶
玻璃胶
空气层
干燥剂

图 3-3-1 双层玻璃结构示意图

 关于这个问题我的**思考**是:

思考一

如果双层玻璃的隔音效果更佳,那在同一条大街上,选择一家装有双层玻璃的餐厅和一家装有普通玻璃的餐厅,一定能明显区分出哪种玻璃更能隔离吵闹的街头噪声。

思考二

我们知道热量的主要传递形式有三种：对流、传导和辐射。热空气上升，冷空气下降，通过循环流动使温度趋于均匀，这个传递过程就是热对流；将金属匙的一端放入热水中，露出热水的另一端也会热起来，这就是热传导；物体因自身的温度，而具有向外发射能量的本领，叫作热辐射，如太阳的热量就是以热辐射的形式传给地球的。

生活中，上述三种热传递方式普遍地存在。以普通建筑为例，窗户是热量传递的主要通道。热空气通过窗户进出形成热对流，室内外热量透过薄薄的窗户玻璃形成热传导，太阳光辐射透过玻璃窗进入室内，或室内热源透过玻璃窗将热量辐射向户外。

如果双层玻璃能隔热的话，在同样的太阳光直射下，双层玻璃受到的辐射热量是不是应该比较小呢？

思考三

如果双层玻璃能隔热的话，在同样的太阳光直射下双层玻璃受到的辐射热量小，那么说明屋内和屋外的冷热交换肯定比普通玻璃来得慢。

我的验证过程：

针对思考一：选择同一条街上的两家餐厅，同样坐在窗户边上的位置，经过对比发现，装有双层玻璃的餐厅明显安静得多，几乎听不到街头的嘈杂声。而只是装有普通玻璃的餐厅，坐在玻璃窗边上依然能听到街头的噪声。

针对思考二：用两只碗分别装上两份相同的冷饮，在同样的室温下，分别在装有双层玻璃和普通玻璃的窗户边上接受阳光的照射，最后发现普通玻璃窗户边上的冷饮先融化了，由此证明了双层玻璃能更好地隔热。

由此我们能推断出：由于热传递较慢，所以双层玻璃有明显的节能作用。

我的结论：

双层玻璃相比普通的单层玻璃有着良好的隔音效果和节能作用。

2018级（4）班　沈嘉奕

4. 如何能够把生活中遇到的令人不愉快的气味除掉?

我怎么会想到这个问题的:

外公很喜欢吃大蒜,说多吃大蒜可以提高抵抗力和免疫力,可每次吃完后嘴里总是有难闻的气味,很长时间也不散去;奶奶炒菜放辣椒的时候满屋子呛人的气味熏得我直流眼泪;韭菜也有一种难闻的气味。为什么这些蔬菜会冒出不同的难闻的气味? 在爸爸的提示下,我带着这些疑问上网查资料。原来,每一种气味都来自至少一种特定的物质,大蒜和韭菜中含有一类称为硫化物的物质,而绝大多数硫化物都具有难闻的气味,比如吃完煮鸡蛋后嘴巴里的味道也是来自硫化物。爸爸还告诉我,大多数石油产品中也含有硫化物,燃烧后会产生二氧化硫,污染空气。这让我产生了一个想法,能不能想办法把这些令人不愉快的气味除掉呢? 如何去除呢? 在网上我还查到,活性炭、硅胶、分子筛等物质能够牢牢固定住这些硫化物,防止他们"乱跑",就是科学家们所说的吸附材料。爸爸从他工作的化工实验室里帮我找到了好几种具有吸附性能的材料。

关于这个问题我的思考是:

思考一

这些吸附材料应该具有特定的结构,就像往袋子里面装东西一样,袋子必须要有可利用的空间,这些吸附材料内部也要有可供这些硫化物停留的空间。在网上我查到,活性炭、硅胶、分子筛等都被称为多孔材料,虽然肉眼看上去它们就是一粒粒非常结实的实心小球(也可能是其他形状的),但放大几千至上万倍后就会发现,这些材料的内部有非常多大大小小的孔隙,这些孔隙可以容纳大量的分子,硫化物就是从这些孔隙进入吸附材料内部而被吸附的,就像海绵吸水一样,只是海绵中孔隙要大得多,肉眼就能看到。

思考二

　　这些吸附材料应该具备这样的性能：即只对硫化物有吸附作用，而对其他的物质没有或是只有很小的吸附作用。我还查到，这些硫化物只需要非常少的量（浓度在百万分之几的数量级）就能够被我们闻到，因此如果这些吸附材料不能够有选择性地吸附硫化物，而是任何物质都吸附，那即使内部有再多的空间，再大的吸附能力也很容易被其他物质占满，而不能够再吸附硫化物了。

思考三

　　这些材料能够被重复利用，就是说当这些材料所有可利用的孔隙都被硫化物占据而没有吸附能力了以后，能够通过一定的方法将硫化物赶出来并收集起来，这样吸附材料中的孔隙就空出来了，可以重新获得吸附能力。使得吸附材料重新具备吸附能力的过程叫作脱附或者再生，大多数的吸附材料都具有这种性能，只是需要通过改变温度或者压力等外界条件来实现。

我的验证过程：

　　在老师的指导和帮助下，我在华东理工大学石油加工研究所实验室做了实验，使用吸附材料来脱除一种叫作硫醇的物质，这种物质在空气中只要存在很低的浓度就具有难闻的臭味。所使用的吸附材料是 MOF-199（图 3-4-1），这是一种被叫作金属–有机骨架的新型吸附材料，就是说在它的分子里既有金属元素，也有有机结构，它在很多方面都有应用价值，这个材料是之前在实验室做实验的研究生大哥哥、大姐姐们自己合成出来的。我们把硫醇溶解在一种有机溶剂中（图 3-4-4），配成硫醇浓度一定的溶液，然后用这种吸附材料从溶液中把硫醇脱除掉（图 3-4-5），并且用一种称为气相色谱的仪器测定溶液中

硫醇的浓度，以此来判断脱除硫醇的效果。用能够放大几万倍的电子显微镜观察，可以看到这种吸附材料是由无数个大小在 10 微米左右的小颗粒组成的（图 3-4-2），这些小颗粒其实是一个个的晶体。颗粒内部有非常多的孔隙（图 3-4-3），因此能够吸附其他物质。而且，由于这种材料和硫醇之间的作用力比它与其他分子间的作用力更大，所以硫醇就从溶液中跑到吸附材料上并被吸附材料牢牢固定住了。经过测定，这种吸附材料每 1 克能够吸附 100 毫克以上的硫醇。我计算了一下，假设空气中硫醇的含量是 10 毫克每立方米，那么 1 克的这种材料就可以净化超过 10 立方米的空气了。

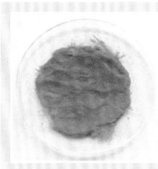

图 3-4-1 实验所用吸附材料

图 3-4-2 MOF-199 的显微照片（放大 4 000 倍）

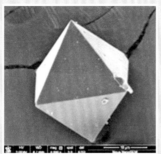

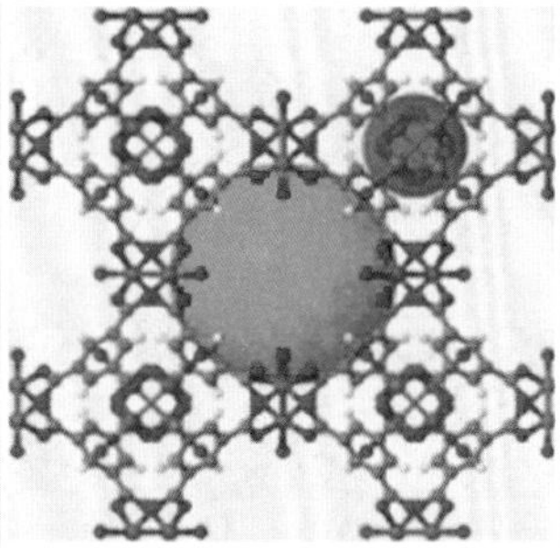

图 3-4-3 MOF-199 的结构

图 3-4-4 称取药品

图 3-4-5 吸附实验

我的结论：

MOF-199 是一种很有效的材料，这些由直径只有几微米的晶体颗粒组成的材料具有非常大的内部空间，此外它们还有特定的孔道，可以有选择地吸附硫化物，将硫化物从溶液当中有效脱除，因此可以考虑用在我们的生活中，将产生不愉快气味的硫化物从我们生活的环境中去除掉。

2014级（1）班 孙志聪

5. 能否通过仿荷叶防水原理制备防雾液来对眼镜进行防雾？

我怎么会想到这个问题的：

戴泳镜游泳，不但可以防止细菌进入眼睛，而且还可以观察水下路线，防止碰撞。但一段时间后，镜片上就会出现一层水雾，影响视线。有没有什么办法可以防止这种现象的发生呢？

国庆节去东华大学校园观赏荷花时发现，稍微碰一下荷叶，它中心低洼部位亮晶晶的水珠就会立刻从叶子上滚落，不留任何痕迹。我想如果镜片也是这样的，水不能在它表面集合，是不是就不会起雾了呢？通过调研可知，荷叶表面是由一层不亲水的蜡质和一些小突起所组成的超疏水层，水滴很难稳定存在，所以会自由滚落。因此，如果眼镜也可制成超疏水的，那么没有水滴就不会起雾了。但由于超疏水材料制作起来难度比亲水材料大，现在还没有在眼镜等透明材料上应用的先例，因此平时用的镜片防雾液大部分是亲水的。所以，尝试模仿荷叶表面制备一种疏水的镜片防雾液将非常有趣。

 ## 关于这个问题我的思考是：

思考一 荷叶表面含有一层疏水层，是否可以用生活中的食用油或其他疏水材料作为防雾液？

通过查阅资料，我们知道荷叶之所以能够疏水，一方面是因为表面的成分是与水不亲近的蜡质，另一方面在于荷叶表面的微小突起。有了这些小突起，减少了水与荷叶表面的接触，在小突起的缝隙之间，会有空气把水隔开。因此我们不能单纯利用疏水的食用油或蜡对眼镜等透明材料进行防雾。另外，通过在眼镜表面涂花生油和动物油等都不能起到很好的防雾效果。

思考二 若疏水油脂不能达到防雾效果，是否可以仿照荷叶防水原理自己制备一种疏水防雾液来对眼镜等进行防雾实验？

针对这一问题，我设计了实验，利用硅材料制备了疏水液体并在其中加入爽身粉作为微小突起，并以此为防雾液进行了眼镜的防雾实验。

思考三 若自己制备的防雾液具有较好的防雾效果，是否可以和洗洁精等常见的亲水防雾液相比较呢？

针对这一问题，我利用自己制备的防雾液和洗洁精进行了对比实验。

我的验证过程：

（1）疏水防雾液的配制：将 10 克硅酸酯、5 克硅烷加入 100 毫升无水乙醇中，搅拌 10 分钟，加入催化剂反应 2 小时，室温放置一天；在制备出的液体中加入少量增加粗糙度的爽身粉混合均匀，得疏水防雾液（图 3-5-1）。

（2）洗洁精亲水防雾液配制：取 10 毫升洗洁精至盛有 20 毫升水的烧杯中，用玻璃棒搅拌至完全溶解。

（3）将两种防雾液分别涂抹在经水、无水乙醇处理过的眼镜片上，放置 15 分钟晾干。

（4）水蒸气防雾效果：将未涂抹和涂抹了防雾液的眼镜片分别放在水蒸气中，

（a）

（b）

图 3-5-1　防雾液体的配制

停留3秒钟，观察防雾效果（图3-5-2）。

（5）接触角测试：将眼镜片固定在载物台上，采用OCA20型接触角测量仪测量接触角，测试液为蒸馏水。每个镜片测试3次，取平均值作为测试结果。

从图3-5-2中可以看到涂抹了防雾液的镜片比没有涂抹防雾液的透明，自制的防雾液有比较好的防雾效果，且比洗洁精亲水防雾液的效果更好。另外，通过接触角可知，未涂抹防雾液的镜片接触角为85°，涂抹防雾液后的镜片接触角变化很大，其中涂抹洗洁精的镜片接触角为18°，而自制防雾液涂抹在镜片上后接触角为105°，说明洗洁精为亲水型防雾液，而自制防雾液为疏水型防雾液。

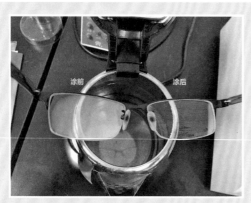 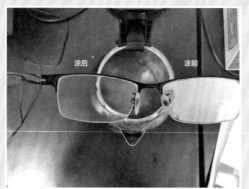

（a）洗洁精防雾液　　　　　　　（b）自制防雾液

图3-5-2　涂抹防雾镜片在水蒸气中的防雾效果

我的结论：

通过把眼镜放在水壶的蒸气上肉眼观察了自制防雾液和洗洁精的防雾效果，并用接触角测量仪测试了涂抹防雾液前后的镜片水接触角的变化情况。我们得知两种液体都可以当作眼镜片的防雾液，且自制疏水防雾液的防雾效果比亲水洗洁精效果好。

2015级（3）班　公彦祺

6. 如何用黄金提高有机物的微量检测能力?

我怎么会想到这个问题的:

在家经常看到妈妈浸泡蔬菜,洗掉蔬菜里的农药残留。通过调查得知农药广泛应用于农业的有机物,危害非常大,除了本身的毒性外,有机物残留会引起食品安全、抗药性、环境污染等问题。食品中有机物残留最高标准不断降低,检测难度越来越大,需要与之相适应的检测技术,拉曼光谱是检测食品中有机物残留的一个选择。

因为每个分子都有自己的特征拉曼峰,所以拉曼光谱可以用来识别目标分子。但是用拉曼光谱进行微量检测,存在的主要问题就是拉曼光谱信号太弱。表面增强拉曼散射,是基于拉曼光谱的一种表面敏感技术。通过调查了解到,分子吸附在粗糙的黄金表面上,其拉曼信号可以显著增强。因此问题的重点就在于如何通过调控黄金的表面粗糙度来提高表面增强拉曼散射和微量检测能力。

关于这个问题我的思考是:

思考一 能否让黄金也形成这样的海绵状结构,从而变成粗糙的表面?

我们观察到海绵能够吸收大量的水,主要是因为海绵内部有很多微孔结构,而这种微孔结构遍布海绵块体材料,使得海绵表面具有一定的粗糙度(图3-6-1)。受此启发,为了在黄金表面获得较高的粗糙度,同时降低成本,可否直接制备海绵状多孔结构的黄金薄膜?

思考二 海绵金的孔径是否可控,能否调整金的表面粗糙度?

海绵金内部的孔径大小影响表面的粗糙程度,而海绵金的

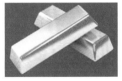

图 3-6-1 黄金与海绵

表面粗糙度是研究拉曼信号增强尺寸效应的关键。因此能否调节海绵金的孔径，进而控制表面粗糙度，直接关系到研究其与拉曼增强效应的相关性。

思考三 海绵金的表面粗糙度是怎样影响拉曼信号强度的？

粗糙的金颗粒也有拉曼增强效应，然而金颗粒容易团聚，不太稳定，失去原有的增强活性。海绵金如果具有海绵状的自支撑结构，化学性质和刚性结构都非常稳定。同时，我们根据文献可知，越粗糙的金表面形成的电场越强，能够增强拉曼信号的"热点"也越多。

我的验证过程：

针对思考一，通过腐蚀金银合金薄膜来实现。海绵金的制备比较简单，就是利用传统的腐蚀法，溶解掉合金中的活泼成分银，剩下的惰性成分自组装成海绵金结构（图 3-6-2）。透射电子显微镜的电压很高，可以观察到材料的内部结构。透射电镜照片显示海绵金呈现三维连续多孔结构。

针对思考二，通过改变腐蚀金银合金薄膜来实现。扫描电子显微镜可以观察海绵金的表面形貌。尽管海绵金的孔道形态呈现不规则状，但是很容易地观察到海绵金的孔径尺寸随腐蚀时间延长而增大，可以从十几纳米到几十纳米（图 3-6-3）。孔径越小粗糙度越大，反之，孔径越大粗糙度越小。

针对思考三，使用不同孔径，也就是不同粗糙度的海绵金用于表面增强拉曼散射。我们使用以 1×10^{-6} 摩尔/升的罗丹明 6G 染料作为检测分子，可以观测

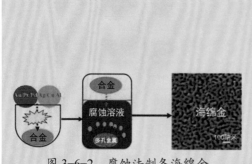

图 3-6-2 腐蚀法制备海绵金

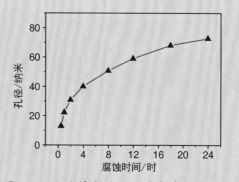

图 3-6-3 海绵金的孔径随腐蚀时间变化

到随着粗糙度的不断增加，附着在海绵金上的罗丹明分子的拉曼信号持续增强。究其原因，海绵金表面可以形成大量细小的韧带和间隙，在较小的针尖和间隙处产生较强的电场，非常适合作为拉曼信号增强的"热点"。

我的结论：

通过腐蚀法制备了一种孔径尺寸可控的海绵金，孔径分布在十几到几十纳米之间。海绵金的孔径大小与表面粗糙度相反，较小的孔径使得韧带间隙较小，粗糙度较大，导致电场较强，具有很高的拉曼信号增强能力，能够实现微量检测的目的。海绵金具有结构稳定、制备简单、尺寸可控、化学稳定的特点，是一种非常有前途的表面增强拉曼散射的基底。

2015级（1）班　陈　曦

第四部分

医学健康篇

1. 我们该如何预防生活中的光源对视力的危害?

我怎么会想到这个问题的:

2018年冬季在学校时我就感觉有时候看黑板有些吃力,寒假妈妈带我去医院检查视力,发现我已经有轻微的近视了。爸爸和妈妈非常意外,我们咨询了医生,造成近视的原因可能与遗传、环境以及长时间用眼、坐姿不正确、光线过强或者过暗等原因有关。我们认真总结了一下最近几个月的用眼环境,2018年的冬季阴雨天很多,临近期末,作业比较多,长时间在室内写字、看书,同时,坐姿不正,看书、写字距离书本过近,引起眼睛过度疲劳,这些都是造成近视的原因。

除了上述个人原因外,我和爸爸通过查阅资料认识到人的视觉感受主要受到光源的影响,太强或太暗的光都会对眼睛造成伤害。我们生活中经常接触的可见光光源有太阳光(自然光),荧光灯(日光灯、节能灯),LED光源(LED灯,手机、电脑、电视等电子产品)。这些光源发出的白光可不是单一的光线,而是由紫、蓝、青、绿、黄、橙、红等七色可见光组合而成的,这些可见光分别对应太阳辐射光谱中我们人眼能看到的380 ~ 760纳米长的光波。太阳发出的自然光中可见光波长均匀分布,是视觉最优光源。而人造光源无论是荧光光源还是LED光源,仅是几种互补色光混合而成的白光,其中波长在400 ~ 460纳米的高能蓝光含量最高,这种高能蓝光因为能量高很容易穿透晶状体造成视网膜损害。因此,光源的光强度和光谱组成是影响视力健康的两个最重要因素。昏暗或者刺眼的光,高能蓝光都有可能伤害我们的眼睛,引起近视。

我想通过实验设计来检测我们经常接触的光源的光强度和蓝光的强度,进而采取措施进行预防,保护视力。

关于这个问题我的**思考**是：

思考一

　　首先冬季白天的日照时间很短，那么晴天和阴雨天，光线的明暗程度不一，阴雨天和晴天的白天，光线究竟有什么差别？我们都有过经历，昏暗的光线会影响视线和视力，会看不清，会引起眼睛的疲劳。我想通过实验检测阴雨天的光强度，看一看阴雨天是否需要补充室内光源呢？

思考二

　　冬季日照时间短，在上海，下午5点天就黑了，夜晚我们还要进行各种活动，也需要经常在室内，在日光灯、台灯下读书写字，偶尔也会看电视、看书和看手机，那么这些光源和自然光相比，是不是对眼睛有损伤？哪一种的伤害更大，应该采取什么样的预防措施？

思考三

　　生活中，我有过这样的经验，我们在读书、写字的时候，过亮和过暗的灯都会引起眼睛的不适，过亮的灯光会刺眼，过暗的灯光会让人看不清，那么究竟应该在什么样的光线环境下看书、写字？

我的**验证**过程：

　　我用光照度来衡量光强度。它指的是被照明面单位面积上得到的光通量，单位是勒克斯。蓝光强度通过光谱图来观察比较。我使用的仪器是：UPRtek便携式LED光谱计（型号：MK350N PLUS）。

　　1. 首先用光谱计对晴天和阴雨天的自然光进行了检测。

　　分别测定了晴天和阴雨天室内自然光光谱数据。从图4-1-1中可以看出，自然光光谱图基本一致，各种光色均匀分布，是人眼最舒适的光谱分布。阴雨天室内非常昏暗，光照度仅有11勒克斯，看书写字对视力伤害非常大。自然光的高能蓝光占比合适，不会对人眼造成伤害，而且色彩丰富，显色指数R8接近100。

　　2. 如图4-1-2 ~ 图4-1-7，我用LED光谱计对日光灯、LED台灯、手机、电脑显示屏进行了检测。

　　从结果可以看出，这些人造光源，无论是荧光光源还是LED光源，其中的高能蓝光含量都非常高，对我们的眼睛伤害最大。它们的显色指数R8分别为52.4、84.9、87.7、61.3，都远低于自然光，相比自然光显色单一。

　　3. 对护童牌LED台灯，在灯源下方垂直选取不同高度放置练习本，用便携

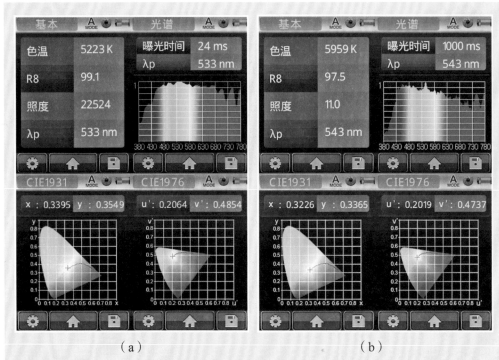

（a）　　　　　　　　　　　　　　　（b）

图 4-1-1　晴天（a）和阴雨天（b）室内光谱数据

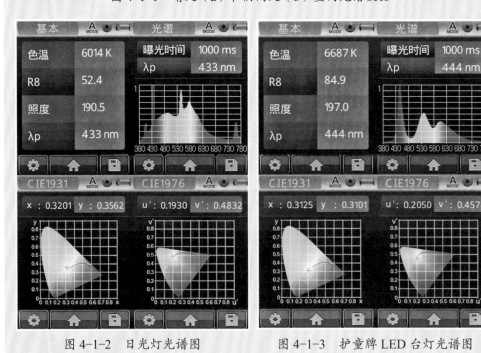

图 4-1-2　日光灯光谱图　　　　　图 4-1-3　护童牌 LED 台灯光谱图

式光谱仪在练习本上方每间隔 10 厘米测量光照度（图 4-1-6），得到光照度与距离的曲线图，如图 4-1-7 所示。

从图 4-1-7 中我们发现距离灯源太近，光强度太高，看书写字很刺眼，比如 10 厘米时光照度高达 1 309 勒克斯；而离光源太远则光强太小，看不清楚字，对眼睛伤害也大。台灯的高度在 40 ~ 70 厘米，光照度在 100 ~ 350 勒克斯是合适的范围。

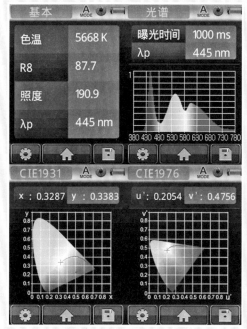

图 4-1-4　手机 iPhone8 光谱图

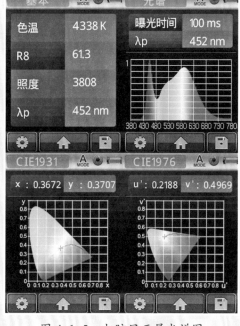

图 4-1-5　电脑显示屏光谱图

图 4-1-6　台灯 LED 光源高度对光强影响实验

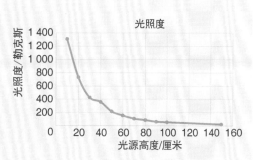

图 4-1-7　光源高度对光照度的影响

我的结论：

通过一系列的实验，我得出的结论是：自然光光源最健康，所以要经常接触日照，增加户外活动。白天在室内看书写字的时候，每隔45分钟要到室外去远眺休息一下眼睛；我们在室内接触的台灯、电子产品中的蓝光强度大，对眼睛有伤害，可以佩戴防蓝光眼镜，电子产品可以贴上防蓝光薄膜等；放学后在台灯下读书、写字的时候，要注意用眼的距离，离桌面40～50厘米最佳，长时间看书、写字，要休息一下眼睛，才能防止眼睛疲劳，保护眼睛健康。

2016级（3）班 殷艺珈

2. 听声音可以诊断疾病吗？

我怎么会想到这个问题的：

当人们说话时，我们听到声音就知道他们说了什么，并且可以根据听到的声音辨别说话的人；当我们生病时，声音也会发生变化。如果听声音可以辨别疾病，尽早地发现身体的健康问题，就可以及时预防和治疗。当我得感冒的时候，嗓子会嘶哑，说话鼻音会重，和平时说话的声音会不一样。因此，我想可以利用声音来诊断人是否得病。于是我通过万方数据库和知网数据库查阅了声音诊断疾病的相关资料，了解到中医声诊就是医生通过听患者的声音来诊断疾病的方法。那么声音为什么能够反映人的生理健康状态？声音中包含有怎样的生理病理信息呢？怎样提取声音中的特征来进行人的健康状态的诊断呢？

关于这个问题我的思考是：

> **思考一**
>
> 现代科学研究发现，一个简单词语的发音需要在大脑的多个神经回路中进行复杂的协调工作——对呼吸系统进行精确的控制，并调节好肌肉骨骼系统各个部分的激活时间，这样才能控制整个声道发音的清晰度。一旦人体出现了疾病，疾病的特异性干扰会使身体的某个系统或多个系统产生细微的、难以察觉的变化。研究也证实了人的声音包含着人体生理病理状态的有效信息。因此，通过对人的声音信息的提取、辨别，可以推知与之相关的病症。
>
> **思考二**
>
> 声音中包含有怎样的生理病理信息呢？据《科学美国人》近日报道，越来越多的证据表明：人的健康与其发出的声音密切相关。如果你身体或心理出现了问题，那么你的声音可能会变得纤细，或说话带有鼻音，或者你的声音会伴随着人耳难以分辨的

"颤抖"。比如帕金森病能够影响我们的四肢，它也能影响我们的发声器官，我们会听到不一样的颤音、呼吸以及其他声音特征。

思考三

怎样提取声音中的特征来进行人体健康状态的诊断呢？随着现代信息科技的高速发展，人工智能技术已经走进了我们的生活中，为大家带来很多便利。我们可以基于中医声诊理论，通过麦克风采集声音，利用语音信号处理技术提取声音信号的特征，比如梅尔频率倒谱系数，基于机器学习技术建立智能声音诊断模型，对声音信号进行分析、识别，并给出诊断结果。

我的验证过程：

我们采集了50例肺气虚、易感小学生和50例健康小学生所发元音a的声音。声音特征提取是建立声音诊断模型的重要内容之一。提取的声音特征应该能够反映肺气虚组和健康组儿童的声音状态。我们听了录制的肺气虚和健康儿童两组的声音，发现肺气虚组大部分儿童声音比较低弱，也比较单调；而健康组儿童声音较响亮，较丰满。低沉或响亮、单调或丰满是由于声音不同频率的能量多少和分布不同而造成人的听觉感知不同。

要用什么声音特征来反映不同声音在听觉上的差异呢？我们查阅相关资料，了解到梅尔频率倒谱系数（Mel-scale Frequency Cepstral Coefficients，简称MFCC）是一种在语音识别和说话者识别中广泛使用的特征，这种语音特征考虑到了人耳听觉特性，用于识别时有助于提高声音的识别准确率。因此，

我们提取声样的MFCC特征来区分肺气虚和健康小朋友的声音。图4-2-1和图4-2-2分别显示了一个健康小朋友和一个肺气虚小朋友声音信号的波形图与MFCC谱图，可以看出健康小朋友声音在不同频率段的能量分布比较平滑，因此听起来比较丰满；肺气虚小朋友声音能量分布比较集中，因此听起来比较单调。

如何实现对声音特征的识别呢？机器学习就是解决这个问题的有效途径。机器学习是指在计算机中采用某些算法，利用已知数据得出适当的模型，并利用此模型对新的数据给出判断的过程，它是人类定义出的一种算法，目的是让机器能够模拟或实现人的一些学习、思维活动并以此做出决策。因此，可以让机器模拟中医诊断疾病的思维。

我们查阅了相关文献，了解到支持

向量机（Support Vector Machine，简称 SVM）这种机器学习算法，适合于小样本数据的研究。因此，我们运用 SVM 来建立声音诊断模型。我们将肺气虚和健康两组声音样本的 MFCC 特征输入 SVM 分类器中进行学习和训练，建立了识别肺气虚和健康两种状态的声音诊断模型，模型的平均识别准确率可达 85%。

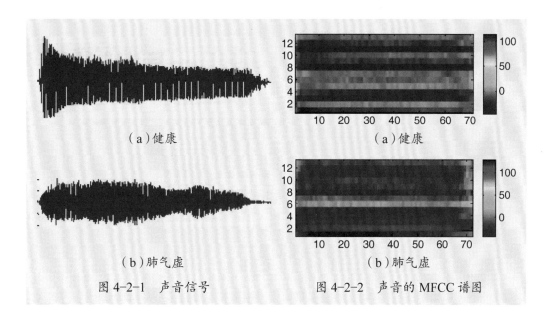

（a）健康

（b）肺气虚

图 4-2-1 声音信号

（a）健康

（b）肺气虚

图 4-2-2 声音的 MFCC 谱图

我的结论：

中医理论认为，声音的产生和调节与人体之气的生成和运动密切相关。肺为气之主，肺功能对人体的发声有很重要的作用，一旦发生异常就会影响语音的发生和变化。通过对人的声音信息的分析、辨识，可以推知与之相关的病证。现代语音识别技术的快速发展，为深入挖掘声诊的诊病价值提供了契机。借助这些先进的技术，我们可以通过采集声音，提取声音特征，建立声音诊断模型进行相关疾病的诊断。

2015级（4）班 颜子钦

3. 人为什么会有蛀牙?

我怎么会想到这个问题的:

一天,我来到妈妈的诊所,看到妈妈在给病人看病,我听到妈妈跟那个人说:"你有蛀牙了。"过了一会,妈妈出来了,我问妈妈:"妈妈,什么是蛀牙?是不是牙齿被虫吃了?"妈妈说:"蛀牙就是牙齿没刷干净,细菌产生酸性物质破坏了牙齿形成了洞。说有虫是骗小孩子的啦!"我带着疑问去查了百度,查到了这些资料:蛀牙有时也有人叫它虫牙,学名龋齿,是细菌性疾病,因此它可以继发牙髓炎和根尖周炎,甚至能引起牙槽骨和颌骨炎症。如不及时治疗,病变继续发展,形成龋洞,终至牙冠完全破坏消失。未经治疗的龋洞是不会自行愈合的,其发展的最终结果是使牙齿丧失。后来在妈妈的帮助下我了解了产生蛀牙的四个要素:细菌、宿主、时间、食物。也就是说蛀牙产生是多种因素综合作用而产生的不可逆转的损害。

关于这个问题我的思考是:

思考一

如果没有细菌的存在,是否就可以防止蛀牙的产生?当牙齿还在牙龈里面的时候是没有蛀牙产生的。曾有过动物实验,在无菌室里给动物喂无菌食物,动物哪怕不刷牙也不会蛀牙。这证明了细菌是蛀牙的主要因素。

思考二

人的牙齿容易被蛀,那狗的牙齿呢?有人曾拿狗来做龋齿实验,结果没有成功,因为狗牙呈圆锥线,牙齿表面光滑,缺少窝沟点隙,食物很难在表面停留,更难形成细菌膜。所以每个人的牙齿质地、形态不一样,蛀牙的情况也是不一样的。

思考三

如果吃完东西马上刷牙,就可以尽量减少蛀牙的产生,不给细菌留机会。那是因为食物残渣形成的细菌膜黏附在牙齿表面还没来得及产生酸性物质去破坏牙齿。如果长时间刷不干净牙齿就会因为酸性物质的破坏而产生蛀牙。

思考四

常听说"多吃糖，会蛀牙的。"真的是那样吗？人们生活中接触到的糖多数为蔗糖，比如说烧菜的白砂糖，蛋糕、奶茶里面的糖。有实验表明糖经过细菌代谢的最终产物是酸，而蔗糖是产酸速度最快的。对于食物来说，越是精细的食物越容易在牙齿表面黏附，给蔗糖产酸提供环境。

我的验证过程：

我在妈妈的诊所利用保温箱（图4-3-1）做了龋齿风险评估实验，用棉签擦拭牙齿颈部，采取细菌样本（图4-3-2），然后放在试剂里面（图4-3-3），做好名字时间备注（图4-3-4），再放进37摄氏度恒温箱保温48小时，进行细菌培养，再根据试剂的颜色对照色卡（图4-3-5）来判断这个人是否容易发生蛀牙。

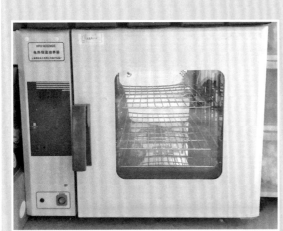

图4-3-1

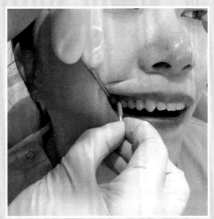

图4-3-2

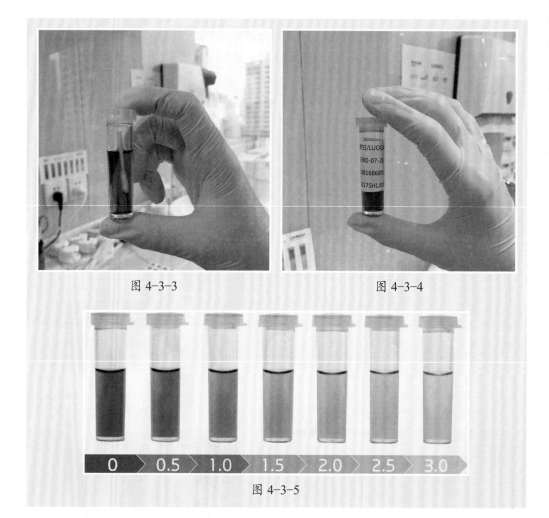

图 4-3-3

图 4-3-4

图 4-3-5

我的结论:

蛀牙的产生主要是因为细菌膜的存在,所以及时清除细菌膜是最重要的。还有,牙齿质地不好、爱吃甜食的人更要认真清洁牙齿。除了刷牙还要用牙线,用冲牙器来补充牙刷刷不到的地方。要定期看牙医检查牙齿,及时发现并治疗蛀牙。大家记得蛀牙是不可逆的牙齿破坏,损坏到牙神经还会很痛,妈妈说等痛了再看医生不仅治疗起来会更麻烦,并且治疗费变得很贵哦。所以,大家谨记:预防重于治疗!

2016级(2)班 金渤程

4. 眼睛是怎样识别颜色的?

我怎么会想到这个问题的:

什么是颜色? 颜色是指物体表面发出或反射的光, 被观察者的眼睛感知并在其大脑中产生的印象。因此, 被观察物体、光源和观察者被称为颜色的三要素。

光是一种电磁波, 电磁波的范围很广。根据波长的长短, 由短到长的光依次有: 轴射线、γ 射线、X 射线、紫外光、可见光、红外光、微波等。而波长介于 400 ~ 700 纳米的可见光是能被人眼观察到并识别的。光线射入人眼会被晶状体聚集到视网膜上。在视网膜上分布着视锥细胞和视杆细胞, 视杆细胞感光而视锥细胞辨色。这些细胞把接收到的色光信号通过神经传递给大脑从而产生色感。

 关于这个问题我的思考是:

思考一 同一个物体在不同的光源下会表现出一样的颜色吗?

有可能是不一样的。物体是通过吸收一部分光和反射一部分光来产生颜色的, 比如红色的物体是通过吸收其他色光, 只反射红色光从而给人红色的印象。假如一种光源包含较强的红色光, 那么在这种光源的照射下红色物体会显得格外的鲜艳。小朋友们可以和家长一起到超市的鲜肉柜台观察一下: 有的生鲜柜台上会使用一种发出淡粉色光的灯来照明, 在这种灯光的照射下生肉会显得格外新鲜, 同一块肉拿到日光下可能就不如在柜台上看起来那样诱人了。

思考二 在相同的条件下, 不同的人观察同一个物体, 可以观察到完全一样的颜色吗?

不一定。这有两方面原因:

1. 色光信号是通过视网膜上的视锥细胞和视杆细胞接收的。人与人之间存在个体差异, 感知能力也不同。尤其是患有视锥细胞缺陷与色盲症的人, 他们对色彩的感知能力与普通人不一样。视锥细胞能够辨色是因为人类有三种视锥细胞分别含有红敏色素、蓝敏色素和绿敏色素，这三种视锥细胞分别可以感受红光、蓝光和绿光。假如缺少感红细胞或者感绿细胞，则不能分辨红色和绿色为红绿色盲。

2. 在颜色的定义中我们提到颜色实际上是在人的大脑中产生的一种印象，而不同的人由于对事物的理解不同、背景不同因此对颜色的印象和理解也会不同。

因此，我们说对颜色的认知在一定程度上是因人而异的。

思考三 小动物眼里的世界和我们人类眼里的世界是一样的吗？

这个取决于小动物眼睛的构造。我们前面说过人眼是依靠视锥细胞来分辨颜色（图4-4-1），人眼中包含感红、感绿、感蓝三种细胞，如果缺失某一种细胞会导致辨色障碍也就是我们说的色盲症（图4-4-2）。那么小动物的眼睛又是怎样感知颜色的呢？科学家通过研究发现，小猫的眼睛没有感红细胞，但是小猫眼睛里的视杆细胞要比人类的发达得多，因此小猫是天生的红色盲，但是在夜间的视力却很强。蜜蜂的眼睛里除了感黄和感蓝细胞外还有感知紫外线的细胞，鸟类的眼睛里也有感知紫外线的细胞。因此，蜜蜂和鸟类能看见我们人类不能看见的紫外线世界，这对它们识别花朵和植物有很大的帮助。小动物眼里的世界和人类眼里的世界是不一样的哦。

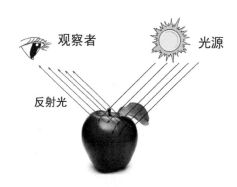

图 4-4-1　颜色的三要素

(a) 正常人看到的图案

(b) 红色盲(缺少感红细胞)看到的图案

(c) 绿色盲(缺少感绿细胞)看到的图案

(d) 黄蓝色盲(缺少感蓝细胞)看到的图案

图 4-4-2　色盲眼中的世界和正常人有什么不同

我的验证过程：

以下的一组图片（图 4-4-3 ~ 图 4-4-5）是同一组样板在不同光源下显示出的颜色。同学们看一看有没有不同？

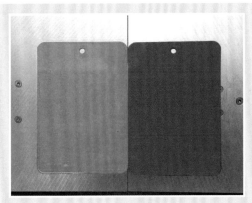

图 4-4-3　模拟日光（D65 光源）下的样板

图 4-4-4　荧光灯下的样板

图 4-4-5　暖光源下的样板

我的结论：

　　人类依靠眼睛中的感色细胞来接收物体表面反射的光，从而感知颜色。人们只有在有光源的情况下才能看到颜色。同一个物体的颜色会随着光源的变化而变化。颜色是因人而异的，同样的颜色在不同观察者的眼里有不同的印象和表现。动物的眼睛和人类的眼睛具有不同的色彩感知能力，因此动物眼中的世界和人类眼中的世界是不一样的。

2018级（5）班　霍韵婷

147

5. 我们的双手真的像看到的那样干净吗？

我怎么会想到这个问题的：

小时候每当我肚子疼或者拉肚子时，大人总喜欢说"病从口入"。大多数小朋友也有过咬指甲、吃手指、舔舐笔帽等行为，或者不洗手吃东西的习惯，你知道指甲、手指、笔帽以及我们每天使用的钱币上有多少看不到的微生物吗（图4-5-1）？

从小父母和老师都告诉我们要勤洗手，尤其饭前便后、吃东西之前要用肥皂洗手。上海市教育委员会联合卫生和计划生育委员会信息中心在部分区县开展了洗手工程试点，意在从小培养学生勤洗手的个人卫生习惯。手作为日常生活最直接的传递物品的媒介，在帮助我们完成每天基本生活的过程中，需要接触不同的外界环境，看似干净的双手真的如我们眼见的那样？2014年4月17日的人民网刊登了《拿完钱看完报纸 做完这10件事后必须洗手》一文，明确提出了"良好的个人卫生，尤其是洗手习惯，能成为很多疾病的防火墙。"并推荐了世界卫生组织提出的标准洗手方法"六步搓洗法"，可以洗去90%的细菌。

那些无数个微小细菌真的都是我们的双手携带的吗？我对手上到底有没有看不见的微世界产生了浓厚的兴趣。

（a）

（b）

图4-5-1

关于这个问题我的思考是：

思考一 细菌不都是面目狰狞的坏蛋，还有部分对人体有益，皮肤表面是抵御细菌感染的良好屏障。

通过查阅资料了解到手上比较多的是芽孢杆菌和金黄色葡萄球菌（图4-5-2），芽孢杆菌是常见于手上的杆状细菌，对人体的危害并不是很大；真正需要注意的是金黄色葡萄球菌，它是一种致病菌，对人体危害较大，可引起肺炎、肠炎甚至败血症等全身感染。此外还有酵母菌、真菌等很多种，在室温下生长会显示出真实的颜色，部分对人体免疫系统有益，比如说酸奶中就含有酵母菌，蘑菇中就含有真菌。但是也有对人体有害的，人体感染后，会引发口腔溃疡、皮炎等。皮肤是抵御细菌感染的良好屏障。虽然正常皮肤上有很多细菌，但一般不会引起感染，当人抵抗力下降时，会给一些致病细菌制造机会。

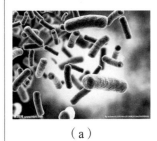 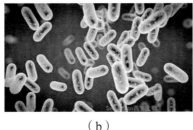 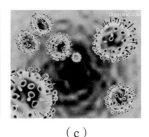

（a）　　　　　　　　　（b）　　　　　　　　　（c）

图 4-5-2

思考二 正确的洗手方式能降低发病概率。

调查表明：我国居民正确洗手率仅为4%，而科学实验证明，一双未洗过的手上最多有80万个细菌，平均有150种细菌，此外手上还携带有多种病毒和寄生虫卵，能诱发各种疾病。美国的一项研究发现，女性手掌中细菌品种更加繁多，主要集中在皮肤褶皱和指尖上，这些细菌中除有大量的大肠杆菌外，还有绿脓杆菌、链球菌、结核杆菌等。由此可见，洗手是个讲究规矩的事儿，如图4-5-3所示的"除菌洗手六步法"，如果不洗手或者洗不干净，后果不堪设想。

思考三 传染病高发季节，保持良好的洗手习惯能减少疾病的传播。

每年春秋季节是传染病高发的时期，像手足口病、疱疹性咽炎等由肠道病毒引起的传染病。手接触口鼻分泌物，如果被污染了会通过触摸各类物品将病毒、细菌传染到其他孩子手上或物品上，这些孩子再通过手传到自己口鼻中，将病毒细菌等带到自己体内，导致感染（图4-5-4）。这种交叉传播的方式很快会导致疾病暴发流行。由此可见，勤洗手、会洗手至关重要。

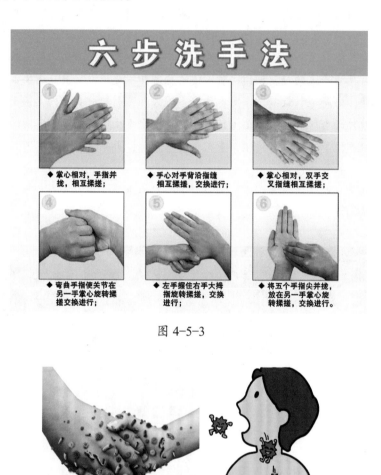

图 4-5-3

图 4-5-4

我的验证过程：

1. 实验材料

准备实验药品、试剂培养实验所需的 培养基。手上的细菌是用肉眼看不到的微世界产物，要想能直观看见必须提供"沃土"让它生长，这个沃土就是培养基。

（2）培养基的配制（图4-5-5）

固体培养基的制备：蛋白胨1.5克、酵母0.75克、氯化钠0.75克，溶解于150毫升去离子水中，并添加2.0克琼脂粉。121℃高压蒸汽灭菌20分钟，冷却至约45℃，倾注到已消毒的培养皿内，每个培养皿有培养基15毫升，冷却待用。

固体抗性培养基制备：制备好的固体培养基冷却至约45℃，加入一定量的抗生素，氨苄青霉素和诺氟沙星的浓度分别为100毫克/升、10毫克/升。

2. 实验设计与方法（图4-5-6）

（1）取已准备好的固体培养基和固体抗性培养基，在无菌操作台半打开培养皿，用手指按压培养皿并停留5秒钟（5指平均分布于培养皿区域），然后迅速盖上培养皿，37℃培养48小时，观察计数培养皿菌落。未洗手、未洗手固体抗性、水冲洗、洗手液六步洗手法四组实验每组三个平板，并将手指未按压培养皿作为对照。

（1）抗生素溶液的配制

类　别	抗生素名称	浓度/（毫克/升）	溶　剂
β-内酰胺类	氨苄青霉素钠（AM）	200	灭菌超纯水

（2）细菌计数和鉴定

观察培养皿中菌落数，并通过菌落颜色、形态等对细菌进行初步鉴定。

3. 结果与讨论（图4-5-7）

（1）未洗手、不同洗手情境下手指的细菌数量

未洗手按压的培养皿中观察到密密麻麻的细菌生长，基本无法计数，分别有乳白色、白色、黄色等不同颜色菌落。经过简单水冲洗后，细菌数量并没有显著减少，仍能够观察到乳白色、白色等不同颜色的菌落。采用洗手液六部洗手法仔细洗手后，未观察到有细菌。

（2）未洗手、不同洗手情境下手指的耐药细菌数量

未洗手手指的培养皿中观察到20～25个白色菌落对β-内酰胺类抗生素氨苄青霉素钠有耐药性；简单洗手后仍能够观察到10～15个白色菌落对β-内酰胺类抗生素有耐药性；使用洗手液的六部洗手法仔细洗手后，未观察到有耐药细菌。

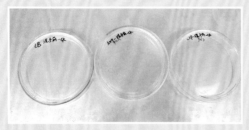

（a）对照组培养基 　　　　　　　　　　（b）实验组培养基

图 4-5-5　固体培养基制备

（a）无菌操作台 　　　　（b）手指在不同固体培 　　　（c）培养基放置在37℃
　　　　　　　　　　　　　　养基按压　　　　　　　　　恒温培养箱中培养

图 4-5-6　手指上细菌计数实验操作

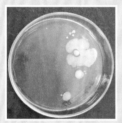 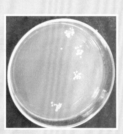  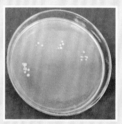

（a）洗手前手指细菌　（b）简单水冲洗手 　（c）六步洗手法洗手 　（d）洗手前手指抗
　　　　　　　　　　　　　指细菌　　　　　　　　细菌　　　　　　　　　性细菌

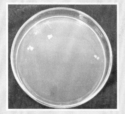 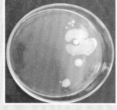 

（e）简单水冲洗手指 　（f）六步洗手法手指 　　（g）对照组
　　抗性细菌　　　　　　抗性细菌

图 4-5-7

我的结论：

这次实验，让我看到了自己手上最初肉眼看不到的细菌，并且体验了不同洗手方式对细菌的影响，那些五颜六色形状各异的细菌深深地印在了我的脑海里。尤其当看到一部分细菌对抗生素都"无动于衷"时，我被深深震撼到了，原来手上的细菌竟如此顽固！一旦耐药的细菌是致病菌，人体感染上疾病以后将无药可以抑制，那后果不堪设想。想到这些，亲历过实验的我今后一定注意个人卫生，勤洗手，尤其每次吃东西前都要先洗手。

通过这个小实验使我对细菌产生了浓厚的兴趣，原来在眼睛看不到的地方，还有这么神秘的一个世界。我也有了小小的目标，继续去探索这些细菌的奥秘，主要设想是通过革兰氏染色、生理生化实验等方法鉴定该微生物种属，并解析目前培养出来的微生物是否对多重抗生素耐药，以及耐药的初步机理等，将更多有关手上细菌的危害和解决方法告诉身边的人，督促大家从小养成勤洗手、讲卫生的习惯。

2015级（5）班　崔清禾

6. 为什么肠道菌群是"被我们遗忘的器官"?

我怎么会想到这个问题的:

我是喝配方奶粉长大的小孩,听妈妈说我经常会发生便秘,医生会开益生菌给我调节肠胃。稍微大一点,开始吃饭菜了,但是我不喜欢吃蔬菜,所以也经常会发生肠道不适的情况,这时候,医生会给我开膳食纤维。现在的我知道吃蔬菜对身体有好处,吃了蔬菜就不会发生便秘,所以能主动吃蔬菜了。相信大家一定都有被家长要求多吃蔬菜的经历吧!蔬菜除了提供人体不能合成的维生素外,还提供一种被称为"第七大营养素"的膳食纤维。通过查阅资料,我了解到膳食纤维其实不能被我们的身体消化吸收。那我们为什么还需要它?它到底在我们身体里发生了什么有趣的故事?我们肠道里是不是有什么不为我们知道的东西会利用膳食纤维?为什么吃了益生菌和膳食纤维会改善肠道不适呢?这是我一直以来非常想揭开的谜底。

 关于这个问题我的思考是:

思考一

利用膳食纤维的其实是一群住在我们肠道里的细菌,它们和我们的身体形成了共生的关系,被叫作肠道菌群。我们的身体还有一些其他部分也有共生的微生物,但是肠道菌群的数量最多,它们的数量是我们身体细胞数量总和的10倍!因为它们的数量很大,所以它们有1～2千克重。不过,想减肥的话,可不能把它们减掉,因为它们对我们的身体健康具有至关重要的作用。它们分布在我们的肠道中,其中肠道菌群最丰富的地方是我们的结肠,细菌定植在肠道黏膜上,利用食物中的膳食纤维作为营养和能量。

思考二

　　肠道菌群从哪里来？在出生之前，也就是我们在妈妈的肚子里时，我们的肠道是无菌的。所以新生儿第一次排出的胎便也是无菌的。当我们出生的时候，会接触到妈妈产道里的细菌，出生之后的几天内，我们吸入的空气、妈妈的乳汁，这些都是细菌进入我们体内的途径，这些细菌会进入我们的肠道，然后在里面住下，就是定植，并形成了我们最初的肠道菌群。然后各种细菌开始在婴儿的肠道内繁殖，最初是大肠菌、肠球菌和梭菌占主体，出生后5天左右，双歧杆菌开始占优势。在婴儿期双歧杆菌保持着绝对的优势，占比可以达到85% ~ 90%。

思考三

　　肠道菌群对我们有什么作用呢？它们帮助消化食物、排泄、排毒，合成维生素，提高免疫力。2010以来，肠道菌群成为生命科学非常重要的热点研究领域，世界上最著名的科学期刊 *Nature* 和 *Science* 都为肠道菌群出过专刊。科学家们研究发现，肠道菌群与肥胖、糖尿病、肝脏疾病、心脑血管疾病、肠易激综合征、炎症性肠病、慢性肾病、艾滋病、过敏性湿疹、消化道癌症、自闭症、抑郁症及阿尔茨海默病等疾病相关，所以肠道菌群已经成为这些疾病预防和治疗的新方向。现在大家一定对肠道菌群和我们的身体健康重要性有所体会了吧。

我的验证过程：

　　去年，我从来自上海市闵行区召稼楼古镇和江苏省昆山市千灯古镇的臭豆腐中筛选到一些乳酸菌，主要是乳杆菌（图4-6-1）和乳球菌（图4-6-2）。乳杆菌是我们肠道中一类主要的益生菌。我用乳杆菌和乳球菌进行了小鼠喂养实验，然后对小鼠粪便中的乳酸菌总数进行涂板计数（图4-6-3）。结果发现，只喂生理盐水的小鼠粪便中含有少量乳酸菌，而喂乳酸菌的小鼠粪便中乳酸菌数量大大增加，是只喂生理盐水小鼠的1 000倍（图4-6-4）。这个实验告诉我们小鼠肠道中本来就有乳酸菌，而喂食了食物来源的乳酸菌后，小鼠肠道中的乳酸菌数量增加。实验证明了肠道菌群的存在，并且可以推测，我筛选到的乳酸菌可以在小鼠的肠道里存活，进而可能对肠道菌群具有促进作用，有可能是益生菌哦！是不是很有趣呢？下次我还要做膳食纤维喂养小鼠的实验，看看膳食纤维对肠道菌群的作用。

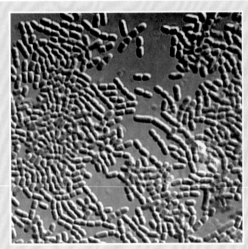

图 4-6-1　乳杆菌

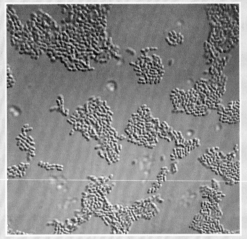

图 4-6-2　乳球菌

（a）

（b）

图 4-6-3　动物实验照片和涂板计数照片

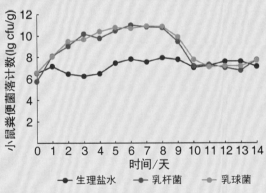

图 4-6-4　喂食乳酸菌后小鼠粪便菌落计数结果

我的结论：

现在我们知道了肠道菌群从我们出生就形成，伴随我们直到老去，在我们的整个生命过程中对健康发挥至关重要的作用，它不就是我们身体中的一个重要"器官"吗？但是我们却没有意识到它的存在，所以科学家们把肠道菌群叫作"被我们遗忘的器官"。现在我们知道了它的存在，就要好好爱惜它们，不挑食，多吃蔬菜水果，多吃粗粮，保持健康的生活习惯，让肠道菌群平衡健康。拥有一副好肠道，拥有一个好身体！

2014级（1）班　李一镭

7. 血液离开身体为什么会凝固？

我怎么会想到这个问题的：

有一天，我感冒发烧了，体温直升至 39 摄氏度，于是妈妈带我去了医院检查，医生看了我的症状，开出了抽血化验的单子，看看是什么原因引起的。我们来到了抽血的地方，只见护士姐姐拿出了几个五颜六色的试管，接着用棉花在我的无名指上涂上酒精消毒，然后用一根针扎了一下我的手指，鲜红的小血珠立刻就冒出来了，护士马上用吸管把血吸出来放入不同颜色的试管中，最后让我用酒精棉花按在我的手指洞上，告诉我过一个小时后取报告。不一会儿的工夫，我把棉花拿开时血已经止住了。

验血的这个过程，引起了我对血液的无限好奇心。我身体里的血液为什么可以一直流动？为什么离开我身体的血液就会凝固？医生的管子颜色有什么区别吗？血液那么快凝固，医生又怎么给血做化验呢？妈妈看出了我的疑惑，告诉我可以通过查阅书籍和实验来解开我的疑惑。

 ## 关于这个问题我的思考是：

思考一

血在人类身体里是一种流动的黏稠液体，验完血后的出血处会凝固，是否在血液里存在某些物质，可以起到止血的效果，还是因为护士给我们涂的酒精和血产生的化学作用呢？如果不去按住出血处，血液需要多久才会凝固？

思考二

在护士抽完血后，为什么要不停地晃动试管，会不会是在试管里加入了什么物质，让我们的血液可以保持不凝固的状态，以便给血液做后续的化验？还是凝固的血液也可以做后续的化验呢？

思考三

　　这些五颜六色的试管真的只是为了好看吗？还是代表着不同的意义？为什么验血有时候抽一管血，有时候抽好几管血？验血报告单上有好多不同的指标名称，是不是每种颜色的试管测试的是不同的指标名称呢？

我的验证过程：

　　针对思考一，我通过查阅文献资料和咨询在医院上班的爸爸，得知在我们的血液里有一种叫血小板的物质，由于它的存在，一般体表少量的出血会在5～6分钟凝固，而且出血量越小或者温度越低血液凝固得越快。例如我们抽完血后用棉花按压2～3分钟就可以止血了，如果不去做处理让血完全暴露在空气中，5分钟左右血液也会自行凝固的，而且冒出的血会变成血粒一样凝固在那里。

　　针对思考二，我去询问了化验血液的医生，医生告诉我其实在这些试管中，已经早早地加入了抗凝剂，它可以阻止抽出的血在试管中凝固，所以在血液进入试管后，护士会不停地摇晃手中的试管，使血液和抗凝剂能够充分混合。

　　针对思考三，由于加入的各类抗凝剂的用途不同，针对各种疾病的验血报告要求不同，所以会用不同颜色区分试管，以便根据不同需要为我们的血液做不同的测试（图4-7-1）。

　　例如下图：

　　【紫色】血液常规检查，这个是看你有没有贫血，有没有感染病毒等。

　　【蓝色】纤维蛋白原检查。肝脏、肾、

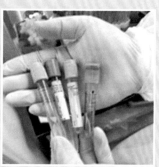
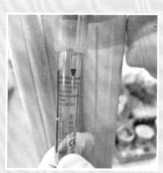

（a）　　　　　（b）　　　　　（c）

图 4-7-1

心脑血管疾病等。

【绿色】常规的一些检查。

【黄色】特色免疫和生化项目，主要检查肿瘤、淋巴等。

我的结论：

我们的血液在身体里有帮助我们提供免疫功能，调节体温，为身体各处输送氧气、营养，带走废物等诸多功能。但是当身体受伤流血时，为了防止失血过多，血液里的血小板就发挥了作用，它的存在能够帮我们堵塞伤口，其中还含有一种促进血液凝固的物质，起止血和加速凝固血液的作用。为了给我们抽出的血做后续的化验，会在试管中提早加入抗凝剂来防止血液凝固，而不同颜色的试管表示验血的项目和要求各有不同。血液对我们的身体非常重要，不但是我们身体不可缺少的一部分，还能帮我们检验身体状况，真是非常厉害呢。

2015级（1）班　汤顺歆

第五部分

环境科学篇

1. 如何使用清洁的能源呢？

我怎么会想到这个问题的：

上海经常会有中度污染或者重度污染预警，一有污染我就很容易咳嗽，其他小朋友也会不舒服，那么，为什么会有污染呢？我们能不能赶走污染呢？

后来我听说污染源有很多，并且和我们的生活息息相关，比如在路上跑的汽车、在铁轨上跑的火车以及在空中飞的飞机都会产生污染。公共汽车开动的时候，有时能看到烟从排气管中排出。我想，污染应该就是因为我们使用的燃料导致的吧。

那么，以前是否一直有污染呢？既然污染源和燃料相关，那么是不是使用无污染的能源就好了呢？毕竟，我打开灯、空调什么的，就看不到有烟出现。为什么现在不能全都使用无污染的燃料呢？

 关于这个问题我的思考是：

思考一 能源分为哪几种？

能源可以按照几种情况进行分类。

世界能源委员会推介分类：固体燃料、液体燃料、气体燃料、水能、核能、电能、太阳能、生物质能、风能、海洋能和地热能。

按形成，可分为从自然界直接取得的一次能源或初级能源，如煤炭、石油、天然气、太阳能、风能、水能、地热能等；经过自然的或人工的加工转换成另一形态的能源，如电能、汽油、柴油、酒精、煤气等。

按能否再生，可分为能够不断得到补充供使用的可再生能源，如风能；须经漫长的地质年代才能形成而无法在短期内再生的不可再生能源，如煤、石油等。

按对环境影响程度，可分为清洁型能源，如风能；污染型能源，如煤炭。

思考二 什么又是清洁型能源呢?

清洁能源又被称为新能源,常被误以为是再生能源。事实上,清洁能源包括三大类:

(1)再生能源

再生能源包括太阳能（热能、光电）、风能、水力、生物质能、海洋能、地热能。

(2)回收能源

回收能源包括发热（工业废热回收、LNG能回收）、废弃物能（焚化烟、废油回收、工业废水发酵、木屑等）。

(3)智慧能源

智慧能源包括洁净车辆（电动车、瓦斯车等）、汽车共生、燃料电池,其他如IGCC、先进冷冻空调系统、洁净燃烧和省能家电。

洁净能源系指在使用全过程中不会产生污染的能源,包括太阳能、风能、地热能、水能、生物能及海洋能在内的一系列可再生能源。

思考三 如何储存和使用清洁能源呢?

太阳能是一种清洁可再生能源,在所有的可再生能源中,太阳能分布广,容易获得。但是太阳能能流密度低,通常每平方米不到一千瓦。此外,能量随着时间和天气的变化呈现不稳定性和不连续性,所以我们需要储热装置把太阳能储存起来,在太阳能不足时再释放出来,供我们生产和生活使用。

我的验证过程:

对于思考一和思考二,我观察了各种各样的能源物质（图5-1-1）,比如电池、煤、石油等。有些能源是清洁能源,比如太阳能、风能和水能等。有些能源是不清洁能源,比如煤、石油。我发现,如果我们燃烧石油、煤等都会产生浓黑的烟,这个烟对我们的环境是有害的。而对于电池,看起来似乎是清洁的,但是电池使用后的废弃电池对环境也是有损害的。因此,电池也是不清洁能源。

既然确定了风能、水能以及太阳能是清洁能源,又要怎样使用和储存这些能源呢?我们可以制作风车来使用风能、可以建设大坝来使用水能,而对于太阳能,我们可以使用太阳能板以及太阳能电池的方式来使用,太阳能板接收到太阳能以后将能量储存在电池中,然后再通过使用电池来使用这些能源。

对于思考三,既然太阳能是清洁的能源,那么我们就可以使用太阳能来为汽车或者其他东西提供动力。

那么我首先需要找一个接收太阳能的

装备，我找到了太阳能板（图 5-1-2），它可以接收太阳的能量，然后给小车提供动力，这样小车就可以开起来了。

当我将太阳能板与小车一起拼接好以后，小车就自己开动起来了（图 5-1-3）。但是因为太阳能板提供的电力还不足以给小车提供持续的电力，因此，小车只能走很短的一段距离。

（a）能源介绍展

（b）各种电池

图 5-1-1

图 5-1-2　太阳能板

图 5-1-3　太阳能小车

我的结论：

能源是一个很大的课题，当前我们使用了很多非清洁的能源，使得环境遭到污染。所以，大家都在研究使用清洁能源来替代非清洁的能源。太阳能、风能以及水能等都是清洁能源。我们可以使用各种装置来转化清洁能源，比如使用太阳能板来接收太阳能。我通过实验也证实了可以使用太阳能给小车提供动力，使小车自己行驶一段距离。虽然太阳能板相对小车已经很大，但是还不足以给小车提供持续的电力。因此，高效地存储以及使用清洁能源是非常重要的。

2017级（3）班　周新皓

2. 游泳池的水为什么比湖水、小池塘的水清澈透明？

我怎么会想到这个问题的：

夏天的时候，我最喜欢跟爸爸妈妈一起去游泳，也喜欢去亲近自然，看看花花草草、池塘里的鱼儿。

因为我没成年，爸爸妈妈只准我在游泳池游泳。在游泳的时候，我发现游泳池的水很清。我游过来游过去，非常开心。一下潜到池底，挨着池底游，又一下从水里潜到爸爸妈妈身边，非常好玩。爸爸妈妈说我就像一条鱼一样。

在公园玩的时候，我也喜欢去金鱼池喂金鱼。看着金鱼游来游去，但是金鱼往水里潜深一点就看不到了，只看到绿绿的水。随后我也注意到，当我站在很多池塘、湖泊的岸边向水底看，想看清水里的情况，经常是什么都看不到，只看到绿绿的一片。为什么游泳池的水清澈透明，而天然环境下的湖水、小池塘的水看起来总是要绿得多呢？这其中有什么奥秘呢？

关于这个问题我的思考是：

思考一

水是无色的。为什么有些水看起来是绿色的呢？首先我想，是不是光线反射的问题？虽然水是无色的，但被光线一照就有绿色了。游泳池的水虽然清澈透明，但还是带着一点点绿色或者蓝色。而游泳池在室内，室内用的是灯光，光线不强，所以游泳池的水里就显得没有那么绿了。而天然环境下的湖水、小池塘的水看起来绿得多，可能户外的太阳光比较强，所以被太阳光一照，看起来很绿。

思考二

游泳池的水和天然环境下的湖水、小池塘的水除了一个在室内一个在户外，还有什么差别呢？我想也有可能是水里的物质不一样。我听爸爸妈妈说游泳池的水很干净，用的是自来水，还定期消毒，并且还会换新的游泳池水；而天然环境下的水在正常情况下不会加消毒剂去消毒。那么天然环境下的水有绿色，是不是因为里面有很多不干净的泥沙？这些泥沙很小，可能带有绿色，也可能更容易反射太阳光，水也就更绿了。

思考三

如果问题出在水里的物质上，除了水里的泥沙之外，还有一种可能性。绿绿的颜色和树木、小草的颜色正好是一样的，那么天然环境下的水是不是也是因为有绿色的植物在里面，所以才有绿色？但是，我看到水虽然呈现绿色，却并没有看到里面有什么植物。那么会不会有很微小的植物在水里面，我们只能看到绿绿的颜色，却看不清楚里面的植物，就和老师说的细菌一样，虽然看不到，却是真实存在的。正因为有某些绿绿的微小的植物在天然的水里，所以天然环境下的水看起来就绿绿的。

我的验证过程：

首先，我们取了游泳池的水和华东理工大学校园里的荷花池的水来解决思考一中的问题。游泳池在室内，光线不强，而天然环境下的湖水、小池塘的水是在户外被太阳光照射。那么我们把两种水放到一起，在相同的灯光下比较（图5-2-1）。即使在相同的灯光下，明显还是荷花池的

水绿得多。因此，思考一不成立。

随后，我们解决思考二，看是否是天然水中的泥沙造成天然水呈绿色。先把天然水静置2个小时，让泥沙沉下来，再把上面干净的水用纱布过滤一遍。再把两种水放到一起，在相同的灯光下比较（图5-2-2）。即使去掉了泥沙，明显

（a）（b）

图5-2-1 灯光下的游泳池水（a）和天然环境下池塘里的水（b）

图5-2-2 灯光下的游泳池水和去掉了泥沙后的天然环境下的水的对比

还是荷花池的水要绿得多。

最后，我们解决思考三，看是否是天然水中的微小的绿色植物造成天然水呈绿色。但是这样的植物肯定很小，肉眼看不到，所以我们需要用到显微镜。爸爸给我买了一台小显微镜（图5-2-3）。

我们用显微镜观察，果然天然水中有很多绿色的小植物，爸爸说这个叫微藻（图5-2-4）。

这样初步判断就是微藻使天然水发绿的。我们再把消毒剂加到池塘水中，把微藻杀灭，果然水又变清澈了（图5-2-5）。这样充分证明了：游泳池的水清澈透明，而天然环境下的湖水、小池塘的水看起来总是要绿得多，这都是由微藻造成的。

图5-2-3　使用显微镜观察

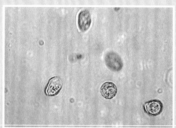
图5-2-4　小池塘水的微藻

图5-2-5　杀灭微藻的天然环境下的水

我的结论：

天然水体里分布着各种微藻，大多呈绿色，繁殖力旺盛，是一类微小的自养植物。湖水和小池塘的水中有大量绿色的微藻，所以很容易就显现出绿色了。

2016级（2）班　万雅灵

3. 鱼缸里的浑水可以重新变清吗？

我怎么会想到这个问题的：

十一假期我们高高兴兴地出去旅游了，可是等我们回到家一看，惊呆了！由于几天没有人照顾，我家鱼缸的水变绿了，也变浑了，还有一股怪怪的味道，而且游来游去的鱼也看不清楚了。这样的鱼池没有人喜欢，可爱的鱼儿肯定也不喜欢！没有办法，我们只好把鱼缸里的脏水用水泵抽掉很大部分，只留了很浅的一些水，可以让鱼儿在里面勉强生存。然后清理了一下鱼池，再把清水加到鱼缸里。清水加好后，再加一些除氯剂、水质活化剂等试剂把水处理一下，让水质适合鱼儿生活。忙活了大半天，才把鱼缸重新弄干净了。但是，清理鱼缸真的很累，而且还浪费了大量的水。要是能有一种处理剂或者处理设备能把浑水重新变清就好了，这样既省力又节约水，还可以节省我们的时间。

 ## 关于这个问题我的思考是：

思考一 找到水变浑的原因，是不是可以从根源上防止鱼缸水变浑？

通过查阅资料，我了解到鱼儿的排泄物、散落的食物都是清水变浑的元凶。食物残渣和鱼儿粪便使得水中的有机物质含量增多，导致蓝藻、绿藻及褐藻大量繁殖，细菌微生物的含量暴增，水体呈现浓浓的绿色，有时还会发出臭味。鱼缸水面上的脏东西我们可以随时清理，但是，鱼儿不能不吃饭呀！所以喂食的时候可以多喂几次，每次少放一些鱼食，尽量让鱼儿把食物吃完。最后，还有鱼儿的粪便，这我们没有办法处理。所以，仅靠打捞杂物和控制喂食的方法还不能完全防止清水变浑。

思考二 有没有合适的方法可以很好地对污水进行净化处理？

我在爸爸的帮助下，查了一些资料，了解到现在的确有很多的污水处理技术，例如物理吸附技术、光催化技术、超声波处理技术、高级氧化处理技术、生物膜处理技术等。因为要考虑鱼缸中生活的小鱼们，有些对鱼有伤害的技术就不能考虑使用了。而且还要考虑成本，不能用很复杂的工艺或者把设备做得太复杂。在目前这些污水处理技术中，我选择用简单的物理吸附技术去处理鱼缸的浑水。

思考三 吸附材料的性质对污水处理能力是不是很关键？

　　吸附材料的表面微孔数量越多，它的吸附效果越好。因为这些微孔会很好地储存污水里面的各种微小的杂质。根据物理理论，微孔的表面积越大，它对其他物质的吸附力也就越强。而纳米材料的颗粒尺寸小、表面积大、表面结构及化学组分特殊，它具有很好的化学活性和很好的吸附能力。所以我可以选用纳米材料作为我的吸附材料。

我的验证过程：

　　1. 针对思考一，我已查阅一些资料，发现不能完全杜绝水质的污染，只能通过多次少食的方法减少或控制污染物的出现。

　　2. 针对思考二和思考三，我通过制备含有纳米二氧化钛，并且表面孔隙率不同的吸附材料来进行验证。

　　我制作了具有不同孔隙率的吸附材料，把它们放到污水中，检验吸附材料净化污水的能力。表1为不同成分的吸附材料的开孔隙率。

表1　开孔隙率测试结果

编号	成分/质量百分比	$\varepsilon_{开}$/%
1	Al20%-Al$_2$O$_3$35%-TiO$_2$40%-PMMA5%	61.05
2	Al20%-Al$_2$O$_3$30%-TiO$_2$40%-PMMA10%	62.84

　　从实验结果我们知道，多孔材料的开孔隙率与发泡剂（PMMA）的含量密切相关，发泡剂含量高，开孔隙率就大。材料含有的孔隙比较多，它的表面积也大。反之，发泡剂含量低，开孔隙率就小，材料含有的孔隙就少。

　　图5-3-1为两种吸附材料对污水的净化效果。从图5-3-1我们可以知道，两种吸附材料都有很好的吸附能力，可以把污水里的有害物质吸附到材料表面或孔隙中，让水变清。2号材料孔隙率高，它的吸附能力更好一些，所以含有2号吸附材料的污水变清得更快一些。

（a）吸附材料

（b）刚加入污水

（c）加入污水 5 分钟

（d）加入污水 10 分钟

（e）加入污水 15 分钟

（f）加入污水 20 分钟

图 5-3-1　加入吸附材料后污水的变化情况

我的结论：

采用粉末冶金方法制作的 Al-Al_2O_3-TiO_2 吸附材料有较多的开孔隙率，在实验里开孔隙率最大达到 62.84%。而且多孔材料的开孔隙率与发泡剂的含量密切相关，随着发泡剂含量的增加，吸附材料的开孔隙率增大。

开孔隙率高的吸附材料具有更好的吸附效果，它的净化速度更快，净化效果更好。

2015级（4）班　张馨元

4. 怎样去除城市道路雨水中的油污和杂物？

我怎么会想到这个问题的：

一天早上我正准备去上学，天空突然开始下起了小雨，我只好打着雨伞去上学。在路口红绿灯处，我停住了脚步，等待绿灯的到来。无意中看见下雨时道路上形成的雨水带着一层薄薄的油污，径直流向了雨水口，如图5-4-1所示。另外，还看见很多行道树掉下的枯黄的叶子和其他一些杂物随着水流进入了雨水口。

油污和落叶等杂物去哪了？带着这样一个问题，我咨询了在设计院工作的叔叔。他告诉我说，道路上的雨水主要是通过图5-4-2所示的通道流到河道里去了。

雨水由雨水口收集后通过一根小管道排入雨水检查井，然后从一个检查井流向另一个检查井，一直流下去最后到达出水口，流进了河道。也就是说，我们上面看到的路面油污、落叶及其他杂物等通过雨水口直接流到河道里了。为什么不采取措施拦截一下呢？叔叔解释说，目前国家在这方面没有严格要求，一般都是直接排入河道。

由于城市道路车水马龙，有大量车辆和人员等通行，免不了会有车辆的"跑冒滴漏"产生的油污，以及泥沙、杂物、垃圾等散落。油污主要来源于行驶在道路上的机动车辆的"跑冒滴漏"，也有一些路边大排档的经营人员将餐饮油污倒入雨水口，最终排入河道。由于油比水轻，因此，油污通常会在水面形成一个薄膜层，这不仅有碍观瞻，影响城市形象，更重要的是，大面积油污会影响水体溶解氧的恢复。众所周知，水中生活的鱼类以及其他好氧生物需要消耗溶解在水中的氧气，水面被油膜隔断后溶解氧得不到恢复，水中好氧生物缺乏溶解氧就会死亡。另外，道路上的落叶和其他杂物随着雨水流进河道后，有的会沉积在河底，时间长了也会腐烂变质形成淤泥，导致水体发黑发臭，如图5-4-3所示，严重损害我们的居住环境和城市形象。

还有，雨水中经常带有很多泥沙，排入河道后日积月累容易造成河道淤积，阻塞河道，影响城市道路和小区排水，危及城市安全。

图 5-4-1　油污随着雨水流动

雨水口　　　　　　　雨水检查井　　　　　　出水口

图 5-4-2　雨水流向示意图

图 5-4-3　河道黑臭水体

我的验证过程：

1. 油污及漂浮物的去除

经过网上查询发现，与水的密度相比，车用汽油的相对密度约 0.725，轻柴油的相对密度约 0.825，润滑油的相对密度约 0.843，原油的相对密度为 0.8 ~ 0.9，食用植物油的密度一般在 0.91 ~ 0.93。常见油品的相对密度基本都比水的相对密度 1 要小，也就是说，油品一般是漂浮在水面上的。

因此，利用油污及漂浮物密度小、漂浮在水面上的特点，考虑在出水口前设置一个构筑物，通过表面拦截的方式来去除雨水径流表面的油污和其他漂浮物体。

如图 5-4-4、图 5-4-5，雨水进入进水池后，浮在表面的油污被隔油挡板挡住，下部"干净"的雨水从隔油挡板底部流入出水池后，通过出水管排出。这样油污就被隔离在进水池内，养护人员可以通过人孔定期把油污撇除。随雨水径流流入下水道的树叶、垃圾等质量较轻的杂物，它们也是漂浮在水面上的，同样可以通过隔油挡板的阻挡作用，隔离在进水池内，由养护人员通过人孔定期清理。这样通过构筑物处理的雨水所含的污染物就可以减少了。

不过，上面所说的"干净"雨水也是相对的，因为雨水中可能还有悬浮在水中的物体或泥沙等杂质。

2. 泥沙及悬浮物的去除

经了解，目前国内在自来水厂和污水处理厂一般都会设置去除泥沙的装置——沉沙池，水厂经常采用平流式沉沙池，经简单沉沙处理后进入下一道处理工序，而城市雨水排放系统基本不采用，主要原因一是国家现行规范没有要求，二是对于独立设置的平流式沉沙池，由于要达到一定的沉沙效果，需要很长的距离，占地面积较大，功能又很单一，操作运行较复杂，不适合城市寸土寸金的特点。

那么，如何才能在短距离内达到较好的沉沙效果呢？带着这个问题，我又开始苦思冥想起来。有一天吃完晚饭，妈妈让我去洗碗，快要洗完的时候，有个现象引起我的注意，就是洗完碗后的洗碗盆内会有一些垃圾，在水流旋转的作用下，那些颗粒物会聚集在一起，如图 5-4-6 所示。

上述旋转流动使物体聚集的现象给我很大启示，既然水平流动需要很长的距离才能达到沉淀效果，那么旋转流动则可以缩短距离，同样也能够达到沉淀的目的。此外，既然城市里寸土寸金，那么可以把隔离油污和漂浮物的功能与去除泥沙、悬浮物的功能合并建设。将除沙和隔油两个功能合在一起建造，采用一体化结构设计，结构紧凑，占地面积小，应该会更省投资；一个构筑物能够同时对泥沙、悬浮物、漂浮物和油污进行处理，多功能设施更容易接受。于是有了图 5-4-7 的构图，命名为旋流式沉沙隔油一体池。

旋流式沉沙隔油一体池分为三段，如图 5-4-8 所示，前段功能为沉沙，中段功能为隔离漂浮物和油污，后段为出水池。降雨径流通过管道将雨水输送至旋流式沉沙隔油一体池，雨水以切线方向进入旋流式沉沙区内，形成旋转流动，产生离心力场。在离心力场内的各质点，将承受较其本身重力大出许多的离心力，离心力的大小则取决于该质点的质量。由于悬浮固体和水的质量不同，受到的离心力也不同，质量大的悬浮固体，在离心力作用下被抛向池壁，在重力作用下沿池壁下滑进入贮沙区，悬浮固体被分离，雨水得到净化。

旋流式沉沙区内雨水通过上口溢流出水，上层漂浮物和油污被隔油挡板阻挡，水流从隔油挡板下口进入出水池，然后通过出水管排走。下雨结束后，沉沙隔油一体池内水面也逐渐下降至出水管内底标高后停止下降。而漂浮物及油污则挡在隔油挡板上游侧，无法进入出水池。

3. 旋流式沉沙隔油一体池的维护管理

旋流式沉沙隔油一体池池体可以在工厂采用钢筋混凝土制作成模块，圆形部分也可以在工厂采用塑料或玻璃钢制作好，然后运抵现场进行拼接组装，无须太多维护工作。只是旋流式沉沙隔油一体池经过一段时间的使用之后，池底会有很多泥沙沉积，水面会有很多漂浮

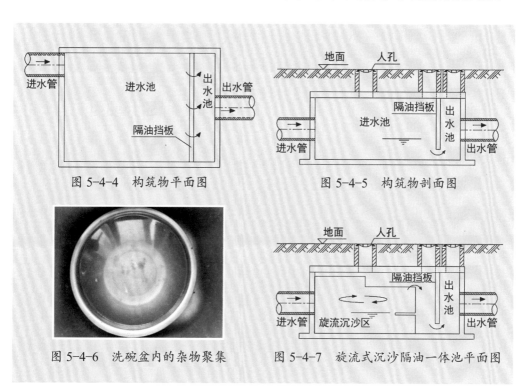

图 5-4-4　构筑物平面图

图 5-4-5　构筑物剖面图

图 5-4-6　洗碗盆内的杂物聚集

图 5-4-7　旋流式沉沙隔油一体池平面图

物和油污，需要及时清理。旋流式沉沙隔油一体池的清理工作比较便利，既可以使用具有抽吸功能的车辆对沉积的泥沙及漂浮物、油污进行清理，也可以在缺少清理设备时通过人工方式进行清理，以保证池体正常运行。

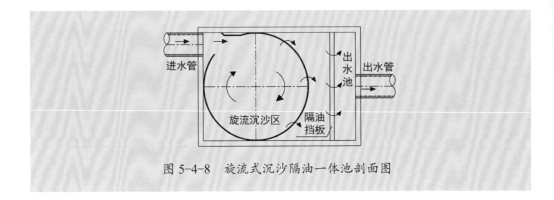

进水管

出水池

出水管

旋流沉沙区

隔油挡板

图 5-4-8　旋流式沉沙隔油一体池剖面图

我的结论：

　　旋流式沉沙隔油一体池作为一种沉沙隔油处理构筑物，采用一体化设计，具有结构紧凑，占地面积小，投资和运行费用低等特点；其结构简单，施工方便，维护管理非常便利；其对泥沙及悬浮物沉淀，油污及漂浮物去除等具有一定的效果。由于城市降雨形成的径流雨水中含有很多污染物，需要我们行动起来，建议采取类似技术措施，减少污染物排放量，保护水体生态环境。

2014级（3）班　李嘉逸

5. 水有什么神奇之处？

我怎么会想到这个问题的：

我平时在厨房帮妈妈做家务时，发现了一个很奇怪的现象。妈妈在做饭时，把冷水加热后，冷水沸腾了，锅里的水变成了白色的气雾（图5-5-1）。

如图5-5-2，把一瓶水放在冰箱的冷冻室里，过一段时间，瓶子里的水变成了冰块。

图 5-5-1

图 5-5-2

关于这个问题我的思考是：

思考一

洗完衣服后，将衣服晾晒在太阳下或悬挂在室内，过一段时间衣服变得干爽了，也没有见到水蒸气出现，因此，水可以变成空气（图5-5-3）。

思考二

冬天来了，在晴朗的早晨，野外枯萎的植物上结了薄薄的一层霜，太阳出来了，薄霜变成了小水滴，霜也是水的一种存在形式（图5-5-4）。

思考三

冬天来了，天上飘下一片片雪花，最后地变白了，树变白了，房屋也变白了。太阳公公出来了，雪变成了水，因此，雪花是水的一种存在形式（图5-5-5）。

思考四

旅游时，经常看到在水面上或者半山腰中有雾出现，当在雾中划船时，衣服会变湿，雾也是水的一种存在形式（图5-5-6）。

图 5-5-3

图 5-5-4

图 5-5-5

图 5-5-6

我的验证过程：

（1）将一杯水放置在冰箱中冻成冰，然后将杯中的冰取出来，放置在空气中一段时间，发现杯子周围凝结出很多小水珠。说明空气中包含气态的水，但水汽只是空气中很少的一部分。同时也说明水能变成冰（图5-5-7）。

（2）将水加热，同时用风力把水气抽走，发现锅里的水越来越少，说明水变成了水汽。如果停止排风，同时停止加热，在锅的表面会出现水汽生成的白雾。这是因为在水沸腾时，水汽化成了气态的水分子，并被抽风机抽走，水面上的气态水密度低，形成不了雾状的水汽。当停止加热和排风后，热水继续蒸发，在水面上生成的气态水密度增加，部分水分子凝结成尺寸非常小的小水滴，小水滴达到一定的尺寸时，对光有折射、反射和漫反射作用，就形成了白色的水汽（图5-5-8）。在自然界中，大量的水汽出现，就生成了雾。

（3）将一杯冰放置一段时间，杯子里的冰融化成了水，说明冰可以变成水（图5-5-9）。

（4）在冰箱内壁上，会出现冰，这是由冰箱里的水汽变成的，说明水汽也可以变成冰（图5-5-10）。

（a）水　　　（b）盛放冰的杯子外面有一层小水珠

图 5-5-7

  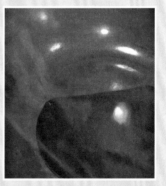

（a）加热前　　　（b）沸腾，排风　　　（c）停止加热和排风

图 5-5-8

图 5-5-9

图 5-5-10

我的结论：

　　水有气态、液态和固态三种存在形式，我们生活中用的水是液态的，水可以变成气态的水汽，也可以变成冰；冰可以变成水，也可以变成水汽；水汽可以变成液态的水，也可以变成冰。

　　雨和雾是悬浮在空气中的水汽凝结成小水滴形成的，冰、霜和雹是空气中的水汽固化形成的固态水。

2018级（4）班　张瀚晨

6. 为什么雨过天晴会有彩虹？

我怎么会想到这个问题的：

夏天雷雨或阵雨过后，有时我会在天空中看到一道弯弯的美丽彩虹。可以看到有红、橙、黄、绿、蓝、靛、紫七种颜色。每次看到彩虹，我都特别高兴。这也让我产生了一个问题：彩虹为什么总是出现在雨后刚出太阳时呢？

 关于这个问题我的思考是：

思考一 下雨后有太阳出现时才有彩虹，那彩虹与太阳光有关系。所以我大胆地假设，我们平时看到的耀眼太阳光，是由七种不同颜色的光组成的。

解答这个假设，需要查阅资料了解相关的研究结果，并需要做实验验证。

思考二 我们看到彩虹七种颜色的排列有顺序，如果思考一中的观点成立的话，那么我假设太阳七种不同颜色的光，在通过透明介质时，它们的折射角度不同。

解答这个假设，需要查阅资料了解相关的研究结果，并需要做实验验证。

思考三 我观察到雨后天晴，彩虹出现不久后又会慢慢消失。我想，雨停后潮湿的空气中飘浮着大量微小的水滴，太阳出来后，光线照射在这些透明的微小水滴上。这些微小水滴就是必要的透明介质，是它们像三棱镜一样将太阳光线不断地通过相互间反射与内部折射才形成了彩虹。当太阳照射时间一久，气温不断升高，微小水滴蒸发后，介质消失，彩虹也就不见了。

解答这个问题，需要设计一个模拟空气中微小水滴可以形成彩虹的实验，来验证这个假设。

我的验证过程：

一、查阅资料，了解关于太阳光的相关知识。

经过查阅资料，我了解到：太阳光是一种有不同波长的连续光谱，分为可见光与不可见光两部分。

可见光的波长为 400～760 纳米，散射后分为红、橙、黄、绿、蓝、靛、紫七色，集中起来则为白光。

不可见光是我们用眼睛看不到的光线，位于红光以外区域的叫红外线，波长大于 760 纳米，最长达 5 300 纳米；位于紫光以外区域的叫紫外线，波长为 290～400 纳米。

结论：资料证明太阳光是由不同颜色的光组成的。

二、实验验证太阳光含有不同颜色的光，在同一透明介质中不同颜色的光的传播方向不一样。

由于不同颜色的光波长不一样，反射的角度也就不一样，所以理论上光线传播途径如下：

实验一：在窗口采集自然光，通过三棱镜的反射和折射来验证思考一和思考二。

当自然光透过三棱镜后，在三棱镜前方约 10 厘米处立一张白纸，可以很清晰捕捉到七条颜色分明的色条（图 5-6-1、图 5-6-2）。这个实验很清楚地验证了思考一，太阳光是由七种不同颜色的可见光组成的。同时也验证了思考二，不同颜色的光在相同的透明介质里的折射角度是不一样的。

实验二：模拟太阳光，进一步验证可见的单一太阳光是由不同颜色组成的。

夜晚屋内熄灯，手持电筒直射三棱镜。可以看到在墙面上折射出一道彩虹（图 5-6-3）。这个实验进一步表明，太阳光是由不同颜色的光组成。

三、模拟实验，验证空气中微小的水滴具有折射太阳光线的作用。

实验方式：在院子里用花洒喷头喷水模拟雨后空气中密集的微小水滴状态，

图 5-6-1

图 5-6-2

观察在阳光下是否会出现彩虹。

实验结果表明：手持花洒顺着阳光照射的方向，当喷出水雾状的细小水滴时，可以观察到彩虹（图5-6-4）。水滴具有三棱镜的作用，可以将阳光中不同颜色的光线分散出来。

图 5-6-3

图 5-6-4

我的结论：

太阳光是由红、橙、黄、绿、蓝、靛、紫七种不同颜色的光线组成的。刚下完雨后，空气中依然悬浮着许多微小的小水珠。当太阳刚刚出来时，阳光照射在空气中的小水珠上，它们透明的表面和内部对阳光进行折射和内反射，如同一块三棱镜，这是彩虹形成的必要透明介质。由于七种颜色的可见光波长不一，它们经过水珠的折射后角度不同，于是在天空中就出现了有序的映射。所以，雨过天晴后，我们可以在顺着光线的地方看到一道美丽的彩虹。

2017级（4）班 于 涵

7. 我们生活中使用的自来水到底是从哪里来的?

我怎么会想到这个问题的:

在我们的日常生活中,除了各种经过包装的可以直接饮用的桶装水和瓶装水以外,最为常见的供水形式就是我们司空见惯的自来水了。无论是在家里、学校还是在外出旅游居住的宾馆里,只要拧开水龙头,自来水就会源源不断地流出,给我们的生活带来了数不清的便捷。

但是,有一个问题始终萦绕在我的脑际,就是这清澈透明的自来水究竟来自哪里? 我家居住的小区里有一条小河,所以我首先想到它应该来自附近的河水或者湖水,然而家里的自来水无论是颜色还是透明程度等都和河水有很大的差异;另外,假期我去北京的姑姑家发现,她家小区附近根本找不到一条小河或者湖泊,这让我重新深入思考这个问题——到底自来水是从哪里来的? 为什么自来水的外观看起来跟河水、湖水等有那么大的差异?

关于这个问题我的思考是:

思考一 自来水不一定来自附近的河流湖泊,不同地方的自来水的来源可能都不一样,它的来源可能多种多样。

验证这个假设需要细致的文献调研,查阅相关书籍或者请教这方面的老师和专家。

思考二 假如自来水的来源真的多种多样,来自不同的江河湖海的水在外观上存在很大差别——有的浑浊、有的清澈;有的有味道、有的无味;有的有颜色、有的无色,那么为什么不同地方的自来水看起来却是一样的清澈、透明、无色呢?

思考三 同样的加工和处理过程生产出来的自来水,它们的性质一定是完全一样的吗?

我的验证过程：

1. 针对思考一：在爸爸的帮助下，通过上网求助并且查阅华东理工大学图书馆的相关书籍，证实了我的猜测是对的：不同地方的自来水的来源真的多种多样，有的来自附近的河流和湖泊，比如上海的自来水主要来自黄浦江和长江口；有的来自更远的江河或者水库，比如北京的自来水来自北京城外的潮沱河和密云水库；也有的地方的自来水来源于地下水和融化的雪水；而在像沙特阿拉伯这样的一些地表水和地下水严重缺乏的干旱地区，它们的自来水取自更加遥远的海洋。

2. 针对思考二：在阅读相关书籍的基础上，爸爸带我咨询了华东理工大学资源与环境工程学院的水处理专家，基本上证实了我的猜测：不同来源地和不同形态的水，其外观、组成、性质都有不小的差异，这类水统称源头水或者水源，源头水首先经水泵和管道流入自来水厂，水厂里有很多专门的设备，在这些设备中借助沉淀、过滤、吸附、脱色、消毒等复杂的加工步骤，再经过严格的水质检验，源头水就变成了外观清澈、透明、无味并且性质基本接近的自来水，自来水再通过水泵加压和地下输水管道送入千家万户。

3. 针对思考三：为了亲自体会自来水的生产过程，根据我之前从书本和老师那里获得的理论知识，爸爸指导我设计并进行了一组简单的模拟实验，具体实验过程如下：

（1）取三份等量的来自不同源头的原始水样，分别取自我家居住小区里的河水、淡盐水（用来模拟海水）、融化的冰水（用来模拟雪水）。

（2）将三份不同的源头水置于离心试管中，放入高速离心机以每分钟10 000转的速度离心30分钟，取出，这时我观察到离心式管底部有少量的固体杂质沉淀。爸爸让我滤出上层清水，弃去固体杂质，并告诉我说这一步是为了模拟自来水生产中的沉淀步骤。

（3）将取出的上层清水用0.6微米的微孔过滤膜缓慢充分过滤，进一步去除源头水中肉眼看不见的非常细小的固体杂质。我了解到这一步是用来模拟自来水生产中的过滤操作。

（4）在微孔过滤后的源头水中加入大于200目的少许活性炭，煮沸15分钟，冷却、微孔过滤去除活性炭。这时我观察到三种不同来源的源头水的透明程度已经基本一样了。爸爸说这一步是用来模拟自来水生产中的脱色过程。

（5）脱色后的水流经微型离子交换柱，爸爸说流出来的水就基本上没有味道了，他说离子交换柱把水中的对人体有害的重金属离子全部堵截住了，这是为了让我体会自来水生产中的吸附过程。

（6）最后，我拿着爸爸实验室的紫外灯对流经离子交换柱的水进行了 10 分钟的照射。爸爸说这样做是为了杀死水里对人体有害的细菌和病毒，这也是为了让我体会一下自来水生产中的消毒过程。以上实验的具体过程见图 5-7-1，实验用到的关键设备见图 5-7-2。

经过上面几步实验验证，我发现经过处理后的来自三种不同源头的水在外观上都呈现出均一、无色、透明的特性。爸爸说经过这样处理后的水就可以送到千家万户，成为我们可以使用的自来水了。当然，在正式输送之前，还要进行多方面、多次的水质分析和测试。

（a）　　　　　　　（b）

图 5-7-1　模拟从源头水到自来水的加工过程

图 5-7-2　实验中用到的关键水处理设备

我的结论：

通过查阅资料、请教专家和亲自动手实验，我终于找到了问题的答案：我们生活中使用的自来水来源非常广泛——它可能来自江河湖海，还可能来自融化的雪水和地下水。由于这些水源的源头水性质差异很大，这些源头水要在自来水厂通过专门的设备和科学的步骤进行复杂的处理，还要经过严格的水质分析，最终才能成为我们生活中需要的自来水。

这次探究过程让我学到了很多课本上没有的有用的知识，同时我在探究中又发现一个问题：爸爸说我们中国的自来水是不能直接饮用的，而有些国家，比如日本、瑞士，他们的自来水是可以直接饮用的。这又是为什么呢？这是下一个我需要深入探究的问题。

2016级（4）班　元添愉

会问才会学——

爱探究的小花栗

主编◎顾文

——记100个小学生自己的科学探究实验

（下册）

華東理工大學出版社
EAST CHINA UNIVERSITY OF SCIENCE AND TECHNOLOGY PRESS

·上海·

图书在版编目（CIP）数据

会问才会学 爱探究的小花栗：记100个小学生自己的科学探究实验/顾文主编. —上海：华东理工大学出版社，2020.2

ISBN 978-7-5628-6052-5

Ⅰ.①会… Ⅱ.①顾… Ⅲ.①科学实验－少儿读物 Ⅳ.①N33-49

中国版本图书馆CIP数据核字（2019）第280623号

策划编辑 / 郭　艳
责任编辑 / 李甜禄　郭　艳
装帧设计 / 戚亮轩
出版发行 / 华东理工大学出版社有限公司
　　　　　　地址：上海市梅陇路130号，200237
　　　　　　电话：021-64250306
　　　　　　网址：www.ecustpress.cn
　　　　　　邮箱：zongbianban@ecustpress.cn
印　　刷 / 上海展强印刷有限公司
开　　本 / 710 mm×1000 mm　1/16
印　　张 / 10
字　　数 / 182千字
版　　次 / 2020年2月第1版
印　　次 / 2020年2月第1次
定　　价 / 108.00元

现在的孩子们是非常幸福的，生活在物质丰富、安定祥和的社会中，享受着先进的科学技术和良好的人文关怀。然而，好奇依然是孩子们的天性，他们依然会对自己身边的一切产生这样那样的问题。无论是自然的还是人造的，无论是吃穿住行、日常琐碎，还是冬去春来、岁月变迁⋯⋯这些在孩子们的眼里都有着很多问号。实际上，好奇心一直以来也是推动人类科学技术发展的基础动力，可以说人类的整个知识体系就是在一个接一个的"为什么"被提出、被解决的过程中逐步建立起来的。当然，这一过程中也涌现了无数的科学家和工程师，他们成为构建人类文明的重要力量。

因此，通过对孩子们的好奇心加以引导，并且帮助和指导他们采用科学合理的方式方法来回答自己提出的问题，不仅可以充分满足他们的求知欲和好奇心，更为重要的是让他们有能够解决问题的自信从而更加敢于提出问题和思考问题。

在华东理工大学附属小学以及华东理工大学出版社的共同努力下，《会问才会学——花栗百问》一书于 2019 年出版。这本书里汇总了学生们提出的100 个问题，涉及面广、趣味性强，学校学生和其家长一起在书中对这些问题进行了回答，还进一步提出了不少扩展性问题，具有很强的启发效果。该书一经出版，获得了非常好的反响，受到了学生以及家长读者的喜爱。

这本书的成功也为华东理工大学附属小学的教育工作者们继续探索这一教育模式提供了信心和动力。他们进一步创新开拓，鼓励学生们不断提出问题，并进一步要求采用提出假设并加以验证的方法来寻找答案。这实际上就是在科学研究方法论的教育引导上做出了尝试，是在潜移默化中向学生传递科学思想，并培养学生的科学思维，锻炼其科学技能，具有非常深远的意义！

PREFACE
序

现在呈现在大家眼前的，就是由此而形成的花栗百问系列图书的第二部。纵观全书，孩子们提出的问题涉及饮食起居、生活安全、材料用品、医学健康、自然环境、动物植物等诸多方面，真正体现了他们的兴趣之广泛、爱好之全面、观察之仔细、思路之开阔。同时，很多问题在解决过程中也有家长的辅导，大大促进了家长在子女成长，特别是科学素养形成过程中的参与程度。全书内容丰富、图文并茂、生动活泼，读下来让人深受启发，爱不释手！

我非常荣幸能为本书做出一些贡献，也非常高兴能为其作序。

龚学庆

华东理工大学教授

2019 年 6 月 27 日

目录 CONTENTS

I

CONTENTS

第八部分　趣味现象篇

CONTENTS

声　明

　　由于本书中所有的实验探索均由小朋友独立自主完成，并且是真实情况记录，如有偏颇和不妥，欢迎指正。

第六部分

动物植物篇

1. 卧室里的绿植越多越好吗?

我怎么会想到这个问题的:

平常我和爸爸妈妈经常利用节假日出游,我们大多不是选择人流如织的旅游景点,而是喜欢选择人迹罕至的原生态山林。山林里风景如画,犹如世外桃源,上有参天大树,下有如茵绿草,植物繁茂,空气清新,妈妈说真是天然大"氧吧",我就问为什么,妈妈说植物会产生大量氧气。我当时就想,植物是怎样产生氧气的呢?

我上小学了,我们也搬了新家,妈妈买来很多绿萝放在家里,说是让绿萝吸收有害气体,为我们提供氧气,在放置植物的时候,我对妈妈说:"我们多放几盆在卧室里吧,这样我们睡觉的时候就会有很多氧气了。"妈妈面露难色,说卧室不能放太多植物。我就困惑了,妈妈不是说植物产生氧气吗,为什么又不同意我多放几盆植物在卧室呢?卧室里的绿植难道不是越多越好吗?

 关于这个问题我的**思考**是:

思考一 植物能制造氧气。

通过查阅文献,我知道,人几天不吃饭且有一息尚存,但没有氧气,几分钟就会致命,氧气是人生命活动最重要的物质。动物与植物的呼吸,物质的燃烧,也都要消耗氧气,释放二氧化碳。这样一来,空气中的氧气不就一天天减少吗?不!天地间之所以没有产生这种危机,就是因为植物是天然氧气"制造厂"。

有人做过统计,0.01平方千米阔叶林,在生长季节每天能制造氧气750千克,"吃掉"二氧化碳1 000千克。所以算起来,只要有10万平方米的林木,就可以供给一个人氧气的需要量,并把呼出的二氧化碳吸收掉。因为有植物源源不断地补充氧气,空气中的氧气才能保持基本恒定。相反,如果没有植物,地球上的氧气只要500年左右的时间就可以用完。

思考二 植物产生氧气量与光照的时长成正比。

既然植物能在光照下产生氧气，是否说明光照时间越长，植物产生的氧气越多呢？带着这样的疑问，我查阅资料，知道了植物利用光、二氧化碳和水，产生氧气和有机物的过程称为光合作用。从理论上来讲，在相同强度的光线下，光照时间越长，植物产生的氧气就越多，光照是植物进行光合作用必不可少的条件。

思考三 一定条件下，植物产生氧气量与光照强度成正比。

白天光线强烈，植物能更好地吸收光线，制造出很多氧气。到了夜晚，光线明显变暗，甚至完全变暗，没有了光线的辅助，植物产生氧气的能力明显下降。同时，植物的呼吸作用显著增强，还会消耗氧气，产生二氧化碳。

我的验证过程：

1. 针对思考一，选择一个阳光明媚的早晨，准备两个透明的塑料小盆，将盆中装满温水，温度控制在 20 ～ 30℃。寻找一片新鲜的绿萝叶，要保证叶片的新鲜度，而不能使用从地上捡到的叶片。将叶片全部放入实验组小盆的水中，用石块压住叶片的一端，以保证整个叶片全部浸没于水。静静地等待 3 个小时，中午观察结果。在实验组叶片上、石块上以及小盆的内壁上，看到一些小小的气泡（图6-1-1）。这是因为叶片在水中进行光合作用，光合作用产生了氧气，氧气会变成小气泡。而对照组的小盆中没有小气泡（图6-1-2）。

2. 针对思考二，将两个透明的塑料小盆中装满相同温度（20 ～ 30℃）等量

的温水，寻找同一棵绿萝上两片大小基本相同的新鲜叶片，分别放入两个盆中，用小石块压住叶片的同一部位，并保证叶片全部没入水中，淡蓝色盆为实验组，光照时长 4 小时（图6-1-3），淡黄色盆作为对照组，光照时长 2 小时（图6-1-4），观察两个盆中气泡数，做好记录。可以观察到实验组气泡数明显多于对照组。

3. 针对思考三，将思考一中的实验数据作为此假设的对照组（图6-1-6），选择夜晚，用同样的方法在塑料盆中放置绿萝叶片，放置于黑暗中，3 个小时后观察盆中气泡数，以确定氧气量。可以看出，实验组的盆中基本无气泡产生。

图 6-1-1　实验组

图 6-1-2　对照组

图 6-1-3　实验组

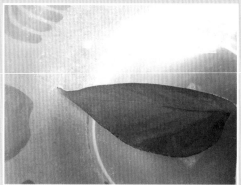

图 6-1-4　对照组

图 6-1-5　实验组

图 6-1-6　对照组

我的结论：

绿色植物能进行光合作用产生氧气，而且一般是在进行光合作用时才产生氧气。这是因为植物的叶肉细胞里有叶绿体，在叶绿体里可以进行光合作用。植物吸收了二氧化碳和水分以后，在光照的作用下，就形成碳水化合物和氧气（图6-1-7），碳水化合物还可以供给植物自身生命活动需要。

在相同条件下，光照强度和时间越长，产生的氧气越多，绝大多数绿色植物，在很黑暗的时候不能进行光合作用，这时不仅不能产生氧气，还会消耗环境中的氧气。

所以卧室中的绿色植物不要太多，以免夜晚消耗氧气，这样人吸入的氧气浓度会降低，二氧化碳浓度会升高，不利于身体健康。

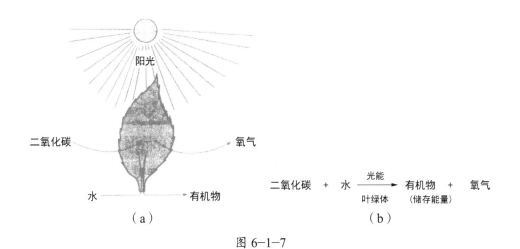

（a）

$$二氧化碳 + 水 \xrightarrow[\text{叶绿体}]{\text{光能}} 有机物 + 氧气$$
（储存能量）

（b）

图 6-1-7

2018级（4）班　刘珝月

2. 蚊子为什么能在水面上站立？

我怎么会想到这个问题的：

每年春季随着气温渐渐升高，池塘里的蚊虫也慢慢多了起来。蚊子能够传播疾病，它的滋生离不开水。它将卵产到水中，卵经过孵化后变成了孑孓，孑孓又逐渐长成了蚊子。蚊子能在水面自由地行走、起降，而从不担心溺水而亡。

去年夏天，我在池塘边观察一只驻足在水面上的大蚊子，对它的这项"绝技"十分好奇。相信大家和我也有类似的经历和想法。可是蚊子为什么能够站在水面上呢？是因为它的身体轻盈吗？是它的脚上有特殊的"机关"吗？或者是池塘的水有特殊之处吗？

我带着这些问题查阅了互联网和儿童百科全书，但还是没有找到答案。直到有一天，我不小心将黑胡椒粉打翻在水里，这件事给了我启发。我终于找到了答案。

 ## 关于这个问题我的思考是：

思考一 水有一定的表面张力，是这种张力使蚊子能够平稳地站立在水面上。

我们都有这样的生活经历，在一个杯子里缓慢注水，杯子看似满了，但还可以继续往杯中加水，杯口的水呈现中间高四周低的形状。这就是水的表面张力的一种表现形式。水的表面张力产生的原因是，水和空气接触的表面存在一个薄层，薄层里的水分子比内部稀疏，薄层中水分子间的距离也因此比内部大一些，分子间的相互作用表现为引力，这就是水的表面张力产生的内在原因。正是水的表面张力的存在，使蚊子可以站立在水面上。

思考二 蚊子的脚有特殊的"机关"，可以使它站立在水面上。

蚊子虽然是一种小型的昆虫，但它的身体结构非常精细，正所谓"麻雀虽小，五脏俱全"。一只成年的蚊子身长为 5～6 毫米，腿长为 8～10 毫米，腿部有极其细小的鳞片，这些鳞片长度为 40 微米，宽度为 12 微米。这些鳞片除了尺寸小，还具有表面疏水的特点。这些特征使蚊子能够在水中而不被弄湿。

思考三 可以在水中添加一些特殊的物质，改变表面张力，使蚊子不能在水面上停留。

我们在生活中经常会用到各种各样的洗涤剂，使用洗涤剂能使各种污渍轻易地被清除。洗涤剂含有表面活性剂，这些表面活性剂具有特殊的分子结构，对水和污渍都有一定的亲和力，所以能够降低水的表面张力，使污渍更容易进入水中。如果能在池塘的水中加入一些特殊的物质，将水的表面张力降低，使蚊子不能在水中站立、停留，也不能在水中产卵，也许，这是一个消灭蚊子的好办法！

我的**验证**过程：

针对上述思考的问题，我设计了三个实验来进行验证。

1. 水存在表面张力。

【材料】

两枚5角硬币，1毫升自来水，1毫升洗洁精溶液，塑料滴管。

【验证过程】

如图6-2-1（a），将两枚5角硬币洗净并擦干，放置于平整的桌面上。用塑料滴管吸取一定量的自来水，缓慢滴加到第一枚硬币表面，直到硬币不能容纳更多的水为止，此时硬币表面的水呈中间高四周低的形状。记下此时用水的体积为600微升。用滴管在第二枚硬币上逐渐滴加洗洁精溶液，直到硬币不能容纳更多的水为止，记下此时用水的体积为400微升。如图6-2-1（b）所示。照片中硬币表面的水呈外凸的形状，表明水确实存在表面张力。但第二枚硬币只能容纳400微升的洗洁精水溶

液，只是第一枚硬币的67%，证明洗洁精的加入使水的表面张力有一定程度的降低。

2. 蚊子脚的纤细结构使其能站立在水面上。

【材料】

白色纸盘，黑胡椒粉，20毫升自来水，小勺。

【验证过程】

因黑胡椒粉尺寸较小，只有200微米左右，并且有一定疏水作用，可以用来模拟蚊子的脚部。首先将白色纸盘放置到平整的桌面上，加入20毫升水，之后加入一小勺约0.5克黑胡椒粉。能够观察到黑胡椒粉颗粒迅速铺满水面，即使手指的轻微搅动也不能使黑胡椒粉颗粒下沉，如图6-2-2所示。此现象表明，细小的黑胡椒粉具有疏水的表面，能平铺到水的表面而不下沉。这也是蚊子的脚不能被水浸润的原因。

3. 可以通过降低水的表面张力使蚊子不能站立在水面上。

【材料】

白色纸盘，黑胡椒粉，20 毫升自来水，1 滴洗洁精，小勺。

【验证过程】

将白色纸盘放置到平整的桌面上，加入 20 毫升水，之后加入一小勺约 0.5 克黑胡椒粉。待观察到黑胡椒粉颗粒迅速铺满水面后，用手指蘸 1 滴洗洁精，并轻轻点一下水面，可以观察到原来铺满水面的黑胡椒粉颗粒迅速向四周收缩，此时黑胡椒粉在水中的面积约为原来的 50%，而且部分已经沉入水中，如图 6-2-3 所示。此现象说明，洗洁精能显著降低水的表面张力，从而使原来铺满水面的黑胡椒粉颗粒收缩并下沉。

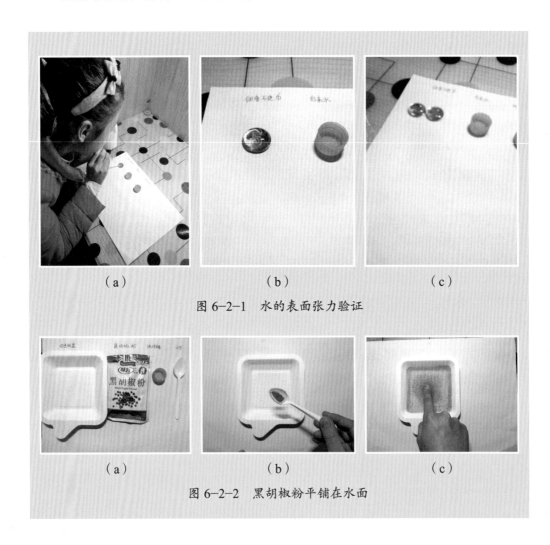

（a）　　　　　　（b）　　　　　　（c）

图 6-2-1　水的表面张力验证

（a）　　　　　　（b）　　　　　　（c）

图 6-2-2　黑胡椒粉平铺在水面

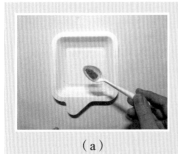 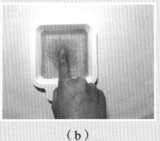 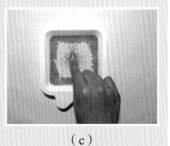

（a） （b） （c）

图 6-2-3 洗洁精改变水的表面张力

我的结论：

我通过大胆假设和合理验证，证实了水的表面张力的真实存在。通过采用细小的黑胡椒粉颗粒来模拟蚊子的脚部，验证了其在水面站立的事实。并通过在水中添加少量洗洁精的方式，降低水的表面张力，使"蚊子"不能很好地站立在水面上。这也许是一个很好的灭蚊方法。

大自然是人类最好的老师，如果我们能处处留心，去观察身边的事物，就一定能够学到更多的本领，让生活变得更美好！

2016级（5）班 张一承

3. 为什么要在鱼缸里多培养一些硝化细菌？

我怎么会想到这个问题的：

大家在饲养小金鱼的时候都会给它们喂一些食物或者专用的鱼粮，有时候小金鱼不一定全部吃完，就会有一些残留的食物在鱼缸里。而且小金鱼每天都要排泄，这些残留的食物和排泄物在鱼缸里时间久了就会产生一些有毒有害的物质，其中对小金鱼生命威胁比较大的物质就是"氨"。

不过幸好，在鱼缸水中存在着一种好氧性细菌，叫作"硝化细菌"。它有什么作用呢？

 ## 关于这个问题我的思考是：

思考一

自来水为什么不能直接养鱼？因为鱼身体的表皮层内长有一种杯状细胞，不断地分泌着黏液，使鱼体减少与水的摩擦。同时，黏液又能保护鱼体不受寄生物、霉菌、细菌和其他微生物的侵蚀，并使皮肤具有正常的渗透能力。自来水中的氯是一种强氧化剂，在水中生成很不稳定的强氧化剂次氯酸。该氧化剂对鱼具有很强的杀伤力，它使鱼体分泌的黏液失去了对鱼的保护作用，导致其体内电解质代谢严重失调，并在缺氧的状态下窒息死亡。所以，用没有经过处理的自来水直接养鱼是不恰当的。

思考二

鱼缸里面能放乳酸菌吗？乳酸菌通过降解碳水化合物生成乳酸来降低动物肠道内的pH，从而抑制肠道不耐酸的厌氧病原菌的生长和繁殖，加强鱼类的免疫力和抗病能力。乳酸菌分解蛋白质，但不产生腐败产物，更易被金鱼肠道吸收。其代谢产物中的酸性物质、乳酸菌素、过氧化氢和二氧化碳等能抑制病原菌的生长，故乳酸菌被称为绿色环保、无副作用的"广谱抗菌药"。可以有效抑制沙蚕弧菌、哈维氏弧菌、溶藻弧菌、副溶血弧菌等多种致病性弧菌引起的疾病。

我的验证过程：

首先，硝化细菌会把氨转变为亚硝酸盐（NO_2），反应式是：$2NH_3 + 3O_2 \rightarrow 2HNO_2 + 2H_2O$。这还不够，因为亚硝酸盐毒性虽然很小，但是对小金鱼还是有致命的威胁。

然后，另一种硝化细菌又把亚硝酸盐转变为硝酸盐（NO_3^-）。反应式是：$2HNO_2 + O_2 \rightarrow 2HNO_3$；此时，硝酸盐的毒性已经非常非常小了，在达不到一定浓度的时候对小鱼的威胁也是很小的。

最后，这些硝酸盐会被一些不依附氧气的厌氧性细菌分解为氮气，并且随着水分的蒸发挥发到空气中（图6-3-1）。

当然，我们平时在鱼缸里还要放置一些有微小孔洞的过滤材料（图6-3-2），因为硝化细菌非常喜欢这样的地方，它们就像蜗牛的外壳一样，为硝化细菌提供了一个舒适的生活空间。

但是硝化细菌也不是万能的，鱼缸的环境和大自然的环境还是有很大区别的，我们平时还要经常给鱼缸换新鲜的水，定时清理食物残渣和排泄物，每天查看水的比重（海水鱼）、温度（图6-3-3，图6-3-4），尽量减少水质污染，这样小金鱼才能健康地生活，硝化细菌的工作压力也会小一些。

图 6-3-1

图 6-3-2

图 6-3-3

图 6-3-4

我的结论：

硝化细菌虽然强大，但并不是万能的，在观察以及摸索鱼儿习性、优化设备之外，更需要的是那份爱好大自然、孜孜不倦探索知识的学习态度。

2018级（5）班　陈浩哲

4. 水仙花在什么环境下能长得比较好?

我怎么会想到这个问题的:

爸爸妈妈喜欢在家里养一些盆栽小花,每年冬天都会带我到花鸟鱼市场逛一逛,买回几盆水仙花。市场里的水仙花长得可好看了,绿色的叶子有点像大葱,洁白的花瓣,黄色的花蕊,凑近闻一闻,芳香扑鼻,真不愧是"花中仙子"啊!可是,这水仙花到我们家,也不知是怎么回事,叶子长得很高,就是不开花。难道是水土不服? 我们也是按照店里老板的建议,采用水培,放到阳台多晒太阳。到底是哪里出了问题呢?

关于这个问题,我的思考是:

思考一

植物利用太阳的光能进行光合作用,对植物而言,阳光必不可少。但植物也分喜阴植物和喜阳植物:喜阳植物的叶片质地较厚而粗糙,叶面上有很厚的角质层,能够反射光线,气孔通常小而密集,叶绿体较小,但数量较多;喜阴植物叶片和喜阳植物叶片的构造恰恰相反,一般是叶大而薄,角质不发达,叶肉细胞和气孔比较少,有利于在荫蔽的环境下生存,能吸收和利用微弱的阳光。

经过观察,水仙花的叶片较厚,看起来像是喜阳植物,因此猜测需要强光环境。为了对比观察,一盆放在客厅里,隔天放到阳台上晒太阳;另一盆放在卧室的阳台上,阳光相对充足。

思考二

水是一切生命体必需的物质,离开了水,地球上的每种生物都难以生存。对于水培植物而言,水的作用也一定尤为重要,但不知道使用不同的水对植物会有什么影响? 平时生活中养花大多使用自来水,但经过过滤和漂白处理的自来水,不知是否会对水仙花有不利影响? 因此将自来水和我们喝的纯净水对比,看看纯净水养出的水仙花是不是更好。

思考三

不同的植物在不同的季节开花，因此猜测温度对植物开花也有影响。上海冬季有时阴雨连绵，温度较低，因此在天气温度较低时，将水仙花移至空调房，保持室温21℃，应该对水仙花开花有帮助。

我的验证过程：

2019年1月26日，准备两个陶瓷盆，一个红盆，注入适量自来水（图6-4-1）；另一个青花盆，注入适量纯净水（图6-4-2）。

用酸碱试纸测试水的酸碱性，结果发现自来水呈弱碱性（图6-4-1）；纯净水呈中性（图6-4-2），但两者差别很小（图6-4-3）。然后将水仙花苗放入盆中（图6-4-4和图6-4-5）。

将红花盆的水仙花放在客厅（内室，无窗），隔天放到阳台上晒太阳，而青花盆的水仙花一直放在阳台上。由于一直是阴雨天气，基本没有出过太阳，而且温度很低，只有4～7℃。10天后（2019年2月6日）发现，两盆花长势差不多，都吐出一两个花苞（图6-4-6和图6-4-7）。结合初始状态，红盆反而长得快，可能是因为客厅的温度（12℃）比阳台温度更高。

2019年2月13日将青花盆移至空调房，每晚打开空调4小时，调节温度至21℃，并打开暖色灯光。2月16日观察到，青花盆中的水仙花已经开放（图6-4-8），而红花盆中的水仙花只是长高，没有开放（图6-4-9）。

图6-4-1

图6-4-2

图6-4-3

图 6-4-4　　　　　　　图 6-4-5　　　　　　　图 6-4-6

图 6-4-7　　　　　　　图 6-4-8　　　　　　　图 6-4-9

我的结论：

（1）自来水和纯净水都可以用来水培水仙花，两者区别不大。

（2）水仙花需要充足的阳光才能长出美丽的花朵。在条件不充足的条件下，可以使用暖色灯光替代阳光。

（3）水仙花喜欢相对温暖的环境，在寒冷且阴雨绵绵的冬天，可以使用空调来保证房间内温度适宜，有利于水仙花的生长。

2017级（4）班　吴翰轩

5. 如何辨别种子的好坏，盐水选种子的方法可行吗？

我怎么会想到这个问题的：

年前，妈妈在当当网上给我买了些书，其中有一本上面写到盐水选种是我国古代劳动人民发明的一种巧妙的挑选种子的方法。春播春种在即，种子的好坏直接影响一年的收成，盐水选种就是将种子放在一定浓度的盐水里，利用浮力把好的种子挑选出来。另外，我还看到书上有介绍用"泥水选种"代替"盐水选种"，经过多次的试验，结果良好，泥水的作用与盐水相同，故用泥水选种来代替盐水选种是完全可能的。于是我就问妈妈，为什么挑选种子不能用手挑选，要用盐水？为什么不能用油或者糖水之类的？

 关于这个问题我的思考是：

思考一 为什么要用盐水选种？不同的种子，用的盐水密度一样吗？

用盐水选种，是水选的一种方式。由于种子的比重和相同体积盐水的比重不同，当把种子倒入浓度适宜的盐水里，饱满完好、比重大的种子下沉；瘪粒、破粒等不合格种子，因比重小，会浮出水面，凭此可选出优良种子来。用这种方法选种，要掌握好盐水的浓度，最好用比重计来测定。如果没有比重计，可将已溶解的盐水舀出一碗，然后放进一些要选的种子，假如全沉下去，说明盐水太淡，应该继续加食盐；如果大部分种子漂在水面，说明盐水太浓，应加水稀释，直到大部分种子沉到碗底为止。另外要注意的是，盐水连续使用多次，盐分会被种子带走一部分，应及时加盐补充，以防盐水浓度降低影响选种质量。

思考二 用食盐水选种是因为有杀菌作用吗？

食盐水选种是有一定的杀菌作用，但这不是主要目的。

我的验证过程：

为了验证盐水可以选种，准备了2个鸡蛋，1个大碗，食盐，勺子（图6-5-1）。先把鸡蛋轻轻放入水里，只见鸡蛋慢慢沉入杯底；从水中取出鸡蛋，再把盐袋打开，慢慢把盐加入水杯中（图6-5-2），用筷子把杯中的盐搅匀，

这时，我们再把鸡蛋放入水杯中，鸡蛋浮起来了（图6-5-3）。把手伸入盐水中，把鸡蛋往下按，刚一松手，鸡蛋一下子又蹿出水面。

一开始鸡蛋在水中会沉在底部，不断加盐搅拌，鸡蛋在某个时刻会浮起来。

图6-5-1　准备材料

图6-5-2

图6-5-3　鸡蛋浮起来了

我的结论：

通过亲自动手实验，知道了鸡蛋的沉与浮，也明白了农民用盐水选种的科学依据，原来适宜浓度的盐水能让那些干瘪的、不太饱满的谷粒浮出水面。这样选出的种子颗颗饱满，一定能结出丰硕的果实。经过这次探究实验，我更加热爱科学、热爱生活了。

2017级（5）班　杨子涵

6. 冬天河水结冰了，鱼会死吗？

我怎么会想到这个问题的：

有一次，我正在看书，书上印着好几张图片，图片下方提出一个问题，哪些图是不符合秋天的情况的，请一一指出。其中一张是河水结冰，却没有见到任何小鱼的图片，此时的我并没有去想这个问题的答案。而是突然脑洞大开：河水都冻住了，小鱼怎么不见了？难道都死了吗？于是我决定去寻找这个问题的答案。

 ## 关于这个问题我的思考是：

思考一 水为什么会结冰？

从书上我们得知任何液体在一定的温度下，都会转化为固体。标准大气压下，温度低于0℃，水就会结冰；任何压力下，水温低于冰点温度就可以结冰。而且水结成冰后，体积会增大。

思考二 河水是如何结冰的呢？结冰时的状态是什么样的？

首先，我们从书上了解到当温度降到0℃后水就变成了冰，但是实际的情况并不这么简单，河水一般不会是纯净的水，里面溶解了很多物质，所以水的凝固点就会降低，需要在0℃以下才结冰。当温度刚好由0℃以上降到0℃时，河水是不会结冰的，因为结冰时放出很多热量，在冰点时刚生成的冰晶又很快会融化掉。所以，要温度在0℃以下河水才会出现结冰现象。

其次，水结冰是一种结晶的现象，而结晶首先需要有凝结核，然后凝结核不断长大，最终长成大块晶体，就是我们看到的冰。结晶的速率主要受到两个因素的影响，一个是成核速率，一个是生长速率。河水是流动的水，质点不容易聚集，成核困难，再者，受水流作用，水分子在凝结核表面比较难长时间停留，晶体生长速率变缓。从另一方面说，水流下方温度比较高的水会到表层来，那么就需要带走更多热量才能使表层的水结冰，这样也会使流动的水更难结冰。

因此河水结冰一般无法像平时我们所见的整体都结成冰块，而是以封冻的形态存在着，就是河水表面结冰。

思考三 鱼儿是如何呼吸？如何在水下生活的呢？

鱼儿在水中要呼吸，进行新陈代谢。它的呼吸器官是鳃。鳃是专门适应水中呼吸的构造。鱼的咽喉两侧各有4个鳃，每个鳃又由鳃片和鳃丝组成。呼吸时，鳃片和鳃丝完全打开，会增大鳃与水的接触面积，增加与水中溶解氧结合的机会。鱼在水中，嘴巴一张一闭地进行呼吸。它张嘴时，把水吸入，鳃盖关闭；闭嘴时，鳃盖打开，让水流出。在水流经鳃的过程中，水中的溶解氧就被鳃上的微血管吸收，同时把二氧化碳排入水中。所以鱼一旦离开水，它的鳃片、鳃丝黏合重叠在一起，因为不能及时得到氧而窒息。

鱼儿们会根据各自的"口味"来选择自己的食粮。滤食性的鱼类，比如花白鲢，主要是过滤水中的浮游动植物。草食性鱼类，如草鱼、团头鲂，主要吃草。而杂食性的鱼类如鲤鱼、鲫鱼，植物、蚯蚓什么都吃。肉食性的，如鲇鱼、乌鳢、狗鱼、鳜鱼，就吃别的鱼。

思考四 河水结冰了，鱼儿还能呼吸吗？

首先，河水里有大量藻类和水生植物，即使表面结冰，仍然有光照进河水中产生光合作用，产生出氧气，以供鱼呼吸。

我的验证过程：

1. 为了能亲眼看到水是如何结冰的，我在塑料杯中加入半杯水放入冰箱冷冻室，经过两个小时，水结冰了（图6-6-1，图6-6-2）。

2. 为了了解河水结冰的状态以及鱼儿的鳃的样子和它们生活的样子，我和爸爸妈妈在网上找了两张照片，并且去豫园九曲桥拍了一张鱼群图（图6-6-3～图6-6-5）。

3. 爸爸的一位朋友曾发过一个他家鱼缸结冰的照片，鱼儿照样游着。而另一个朋友去东北游玩的照片，却看到鱼儿已成冻鱼（图6-6-6，图6-6-7）。

图 6-6-1

图 6-6-2

图 6-6-3

图 6-6-4

图 6-6-5

图 6-6-6

图 6-6-7

我的结论：

    由于河水一般是表面结冰，河的下层水是不易结冰的，所以生活在下层的鱼儿是不会被冻死的。但是在浅水层或者喜欢在上层水面生活的鱼儿则不能存活。

2017级（5）班　莫云薇

7. 为什么家里的小狗不需要冬眠，小乌龟就需要呢？

我怎么会想到这个问题的：

有一天路过花鸟市场，我看到了小乌龟，小小的身体和爪子，背着一个大龟壳，偶尔还会把脖子伸得很长，仿佛想出来看看这个精彩的世界，十分可爱。于是，我让妈妈帮买了下来带回家，小乌龟就成为我第一个小宠物。

可是整个寒假里，它始终都把头和爪子缩在龟壳里，不动也不爬，喂它龟食也不吃，任我怎么碰它，它都始终保持着同一个姿势，我觉得很奇怪，就去问妈妈，妈妈告诉我小乌龟到了冬天就需要冬眠。可是我看到小猫、小狗们还是照样蹦跶，正常吃东西，难道它们就不需要冬眠吗？

这引发了我的思考，为什么冬天乌龟要冬眠，有些小动物就不需要呢？

关于这个问题我的思考是：

思考一 哪些小动物是需要冬眠的？它们为什么需要冬眠？
思考二 如果我把小乌龟放在一个较为温暖的环境中，它是否就会苏醒？
思考三 人为地把温度调高和自然地进入春季，小乌龟苏醒后的反应是否会不同？

我的验证过程：

论证思考一需查阅资料。资料显示需要冬眠的动物种类分为三种。

第一种：龟、蛇及蛙等两栖爬虫类，它们的体温会与周围环境配合，如温度下降则体温也跟着下降，从而进入冬眠状态，自己无法进行调节（图6-7-1）。

第二种：松鼠等小动物，它们的体温会保持恒温性，在冬眠时，可将自己

23

体温下降到接近周围环境的温度，但为了避免体液在0℃以下结冻，其体温基本维持在5℃左右。

第三种：熊类，熊在冬眠时体温只下降几度，且能长时间不进食呈睡眠状态，也可视为介于睡眠和冬眠之间。

资料显示动物需要冬眠的原因主要为以下两点：

第一点：动物在寒冷天气来临时，无法维持正常活动所需的恒定体温，只好找个地方躲起来冬眠以度过寒冷的冬季。

第二点：在生活的区域里冬季找不到足够维持生存所需的食物，所以只能借助冬眠来减慢新陈代谢，降低能量消耗，以度过食物匮乏的冬季。

论证思考二需实验。我让妈妈打开房间内的空调，将温度调至22℃，等整个房间温度完全上升后，我发现小乌龟用非常缓慢的速度探出了它的小脑袋，但眼睛还是紧闭着，四只爪子也没有完全伸展开，只伸出了前2只小爪子（图6-7-2），没有爬动，这就证明了小乌龟自身是无法调节温度的，只能根据周边环境的温度变化来被动地选择是否要冬眠或是苏醒。

论证思考三需要实验证明。在上述实验中，小乌龟有短暂苏醒，但没有爬动的迹象，放入龟食后，也并没有吃，过了没多久又保持到最初的蜷缩状态（图6-7-3）。实验再次让我认识到靠人为把周边温度升高和实际季节变换成春夏对小乌龟的影响是有区别的。

图6-7-1

图6-7-2

图6-7-3

我的结论：

动物冬眠的一个最主要原因就是御寒，在这个过程中它们的身体机能减慢，呼吸、体温、新陈代谢和心率都会下降。对于动物来说，冬眠是它们的本能反应，它们觉得自己应该这么做。同时我也了解到猫、狗、狼等属于温血动物，在寒冷的冬天，它们可以通过调节自身的温度顺利度过。

而乌龟是冷血动物，冬天温度过低，导致乌龟行动不便、觅食困难，因此需要降低新陈代谢以保存能量，通过冬眠来做好自我保护，这样就可以减少体能消耗，顺利度过寒冷的冬季了。

2017级（5）班　秦小涵

8. 猫咪的眼睛一天中会有哪些变化?

我怎么会想到这个问题的:

寒假的一天,妈妈带我来到了爸爸的宠物生活馆,在这里我看到了很多不同品种的猫咪,有蓝猫、布偶、苏格兰折耳猫等,爸爸跟我说了很多……每个猫咪的样子、眼睛的颜色、毛色虽然都不同,但是它们的眼睛都是大大的、炯炯有神的、漂亮得很。那猫咪的眼睛一天中会有什么变化呢?

 关于这个问题我的思考是:

思考一 猫咪不同颜色的眼睛看到的事物颜色是一样的吗?

首先说明:猫的眼睛是可以看到颜色的,但是猫眼辨识颜色的能力相当糟糕。在20世纪40年代,科学家认为猫完全是色盲,有位专家说:"不论日夜,猫的眼中只有灰色。"不过,近期的研究结果证明猫可以区分很多组不同的颜色,不同颜色眼睛的猫咪,看出的事物颜色则是一样的。

思考二 猫咪的眼睛有几种颜色?

很多人喜欢猫咪都是因为喜欢它美丽的眼睛,猫咪的眼睛确实非常漂亮,颜色之多简直能拼成彩虹!猫的眼睛一般有绿色、浅绿褐色、金黄色、柠檬黄、琥珀色、橘黄色、铜橘色这几种,其中还有些颜色深浅的差异。

思考三 猫咪的眼睛在晚上为什么会发光呢?

我们都知道夜晚的时候,猫咪眼睛会发光,悠悠蓝光或者绿光,好像什么都能看透一样。猫咪的眼睛之所以会发光,其实是因为猫咪眼睛的视网膜后面有着一个特殊的构造——反光膜。猫咪一直是夜行动物,反光膜有助于改善它的夜视,使得猫咪的眼睛可以二次利用光线,并将信号传回大脑。所以猫的眼睛比人类的眼睛的敏感度高六倍。

思考四 是什么决定了猫咪眼睛的颜色呢?

其实猫咪眼睛呈现出来的颜色是视网膜上沉淀的色素。按照视网膜上黑色素的多少,色彩的变化区间为从柠檬黄→浅绿褐色→深橘黄或棕色。没有黑色素就是蓝色的!所以有些猫咪的眼睛是黄中带绿,就是因为黑色素的数量在两者之间。不知道大家发现没有,鸳鸯眼的猫大多数是白毛。那是因为白猫有一种白色基因会阻碍黑色素沉淀,从而导致了两只眼睛的黑色素数量不一样,所以有时我们也会看到有些猫的两只眼睛是不同的颜色。

我的验证过程:

为了了解猫咪的眼睛在一天中会有什么不同,我特地从爸爸的宠物馆里抱了一只蓝猫,让它成为我实验的小伙伴,让我们一起来观察吧!

如图 6-8-1,上午、下午外界光线正常的时候,它的眼睛是呈椭圆形的。

如图 6-8-2,中午或遇到刺眼光亮的时候(实验:用手电筒照射着它),它的眼睛则呈上下竖直的一条线。

如图 6-8-3,夜晚或在黑暗空间的时候(实验:放在了黑暗的纸箱内),它的眼睛瞳孔充分放大,呈圆形。

图 6-8-1

图 6-8-2

图 6-8-3

我的结论：

跟妈妈一起查了资料、做了实验后发现，猫的眼睛真的会一日三变。原因是猫咪眼睛的瞳孔很大，瞳孔（括约肌）的收缩能力极强，在不同的光线下，括约肌能很好地对瞳孔进行调节，使瞳孔与光线相适应。所以，上午或下午阳光强度一般的时候，瞳孔就成了枣核状；中午阳光强烈，瞳孔便缩成一条线；晚上光线昏暗，瞳孔放大，像十五的月亮一样圆。正因为猫眼的瞳孔可随光线强弱而变化，所以在光线强或光线弱的情况下，猫都能很清楚地看到东西。小朋友，你明白了吗？

2017级（5）班　王郁菲

第七部分

生活科普篇

1. 煤油灯，你能再亮一些吗？

我怎么会想到这个问题的：

有一天家里停电，我们在蜡烛的光照下一起看书，这个场景让爸爸回忆起小时候用煤油灯的经历。在听爸爸介绍煤油灯时，我发现煤油灯和实验室的酒精灯有点相似，都是用一根棉线点火的。

咦？为什么用棉线，棉线不会烧坏吗？棉线是布料中最能吸煤油的吗？一根棉线和多根棉线的吸油效果哪个更好？棉线对其他液体的吸收性能一样吗？于是我展开了一系列研究。

关于这个问题我的思考是：

思考一 棉线是不同材料中吸收煤油效果最好的吗？

思考二 棉线的根数会影响吸收煤油的速度吗？

思考三 棉线对不同液体的吸收性能一样吗？

我的验证过程：

材料准备：布、纱布、棉线、毛线、纸巾、柴油、浓盐水、水、菜油、酒、滴管、刻度尺、记录表。

研究过程：

（一）棉线是不同材料中吸收煤油效果最好的吗？

（1）猜想：棉线是吸收煤油效果最

好的。

（2）实验过程：

① 如图7-1-1，准备宽1毫米、长5厘米的多种材料。

② 分别滴上5滴煤油。

③ 如图7-1-2～图7-1-6，相同时间（5秒）后，记测煤油被吸上来的长度。

（3）数据记录（表1）。

表1 不同材料的线的吸收煤油情况表

	纸巾 长度/厘米	棉线 长度/厘米	纱布 长度/厘米	布 长度/厘米	毛线 长度/厘米
第一次	5	2.7	2	3	1.3
第二次	5	3	2.1	2.8	1.5
第三次	5	3	2	3.1	1.4
平均数	5	2.9	2.03	2.97	1.4

（4）实验结论：纸巾的吸收煤油能力最好、最快，布其次，棉线第三。

（二）棉线的根数会影响吸收煤油的速度吗？

（1）猜想：棉线的根数越多，吸收煤油越快。

（2）实验过程

① 如图7-1-7，分别准备一根，两根，三根，四根，五根长度都是5厘米的棉线。

② 分别滴上5滴煤油。

③ 如图7-1-8～图7-1-12，相同时间（5秒）后，测量煤油在棉线上被吸上来的长度。

（3）数据记录（表2）。

表2 不同根数棉线的吸油情况表

	1根 长度/厘米	2根 长度/厘米	3根 长度/厘米	4根 长度/厘米	5根 长度/厘米
第一次	1.7	1.3	1.23	1	0.5
第二次	1.8	1.1	0.9	0.5	0.2
第三次	0.6	0.4	0.3	0.3	0.4
平均数	1.37	0.93	0.81	0.6	0.37

（三）棉线对不同液体的吸收性能一样吗？

① 分别剪出宽是1毫米，长是5厘米的棉线。

② 分别滴上5滴各类液体。

③ 如图7-1-13～图7-1-17，观察

并记录相同时间后各种液体被吸上来的长度。

（3）数据记录（表3）。

（4）观察结果：

与煤油相近的柴油被吸收得最快，和柴油并列的是酒，第二是水，第三是菜油。

资料查找：

酒的密度为0.8克/立方厘米；菜油的密度为0.92克/立方厘米；水的密度为1.0克/立方厘米；柴油的密度为0.86克/立方厘米；浓盐水的密度为1.33克/立方厘米。

表3　棉线对不同液体的吸收情况表

	酒 长度/厘米	菜油 长度/厘米	柴油 长度/厘米	浓盐水 长度/厘米	水 长度/厘米
第一次	5	3.2	5	1	2.7
第二次	5	2.7	5	1.2	3
第三次	5	1.5	5	1.1	3
平均数	5	2.5	5	1.1	2.9

图 7-1-1　不同的材料

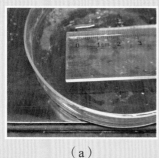  

（a）　　　　　　　　　（b）　　　　　　　　　（c）

图 7-1-2　棉线的吸油效果

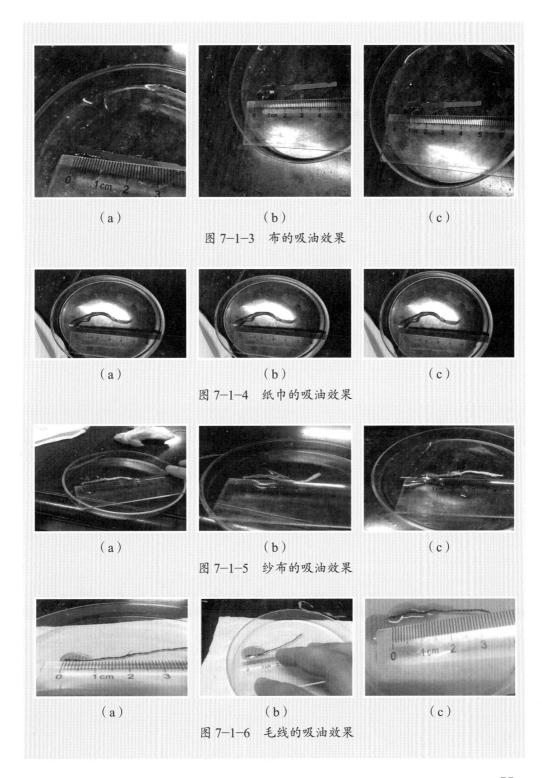

（a） （b） （c）

图 7-1-3 布的吸油效果

（a） （b） （c）

图 7-1-4 纸巾的吸油效果

（a） （b） （c）

图 7-1-5 纱布的吸油效果

（a） （b） （c）

图 7-1-6 毛线的吸油效果

图 7-1-7　不同根数的棉线

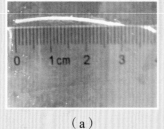

（a）

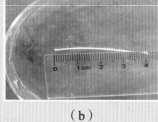

（b）

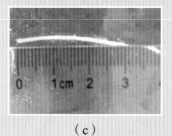

（c）

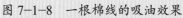

图 7-1-8　一根棉线的吸油效果

（a）

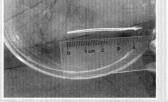

（b）

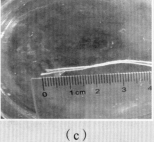

（c）

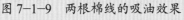

图 7-1-9　两根棉线的吸油效果

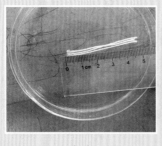

（a）

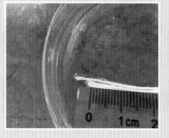

（b）

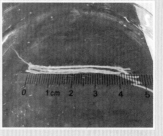

（c）

图 7-1-10　三根棉线的吸油效果

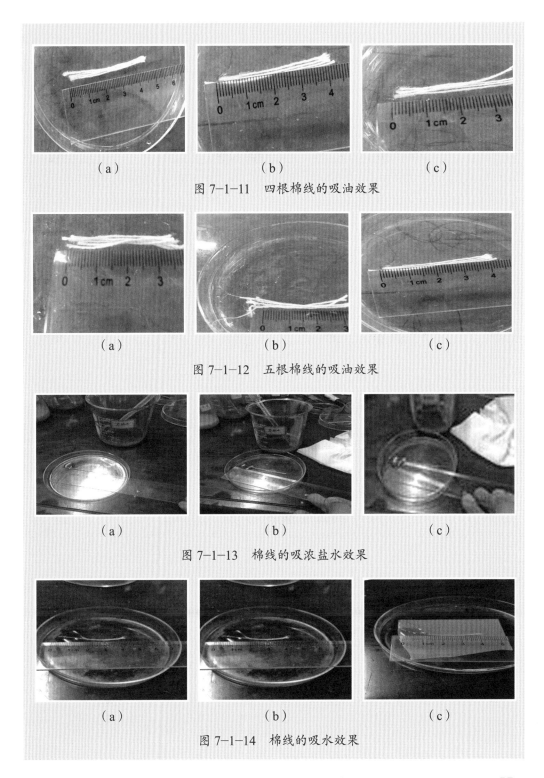

（a）　　　　　　　　（b）　　　　　　　　（c）

图 7-1-11　四根棉线的吸油效果

（a）　　　　　　　　（b）　　　　　　　　（c）

图 7-1-12　五根棉线的吸油效果

（a）　　　　　　　　（b）　　　　　　　　（c）

图 7-1-13　棉线的吸浓盐水效果

（a）　　　　　　　　（b）　　　　　　　　（c）

图 7-1-14　棉线的吸水效果

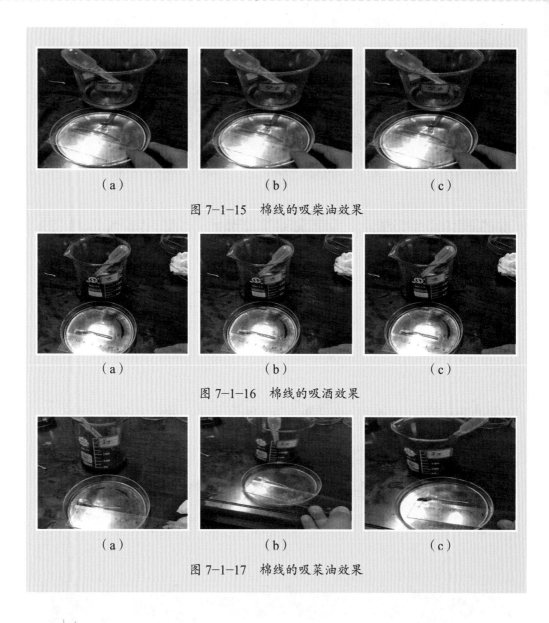

（a） （b） （c）

图 7-1-15　棉线的吸柴油效果

（a） （b） （c）

图 7-1-16　棉线的吸酒效果

（a） （b） （c）

图 7-1-17　棉线的吸菜油效果

我的结论：

观察结果：（1）1根棉线吸收煤油的速度最快，2根棉线吸收煤油的速度第二，3根棉线吸收煤油的速度第三。

（2）剩下的油量，1根棉线吸收完剩

下的煤油最多；5根棉线吸收完剩下的煤油最少。

实验发现：（1）棉线根数越少，吸收的速度越快；根数越多，吸收越慢。

（2）棉线根数越多，吸收的油量越

多；根数少，吸收的油量少。

在众多材料中，虽然纸巾的吸油效果最好，但是纸巾遇液体容易破损。所以选择了棉线作为灯芯。

单根棉线吸收油的速度很快，但是量不多。而煤油灯真正烧的是煤油，火焰要亮的话，需要更多的煤油。所以，棉线根数多一些好，这样吸油量才多。

2018级（1）班　沈昊泽

2. 为什么熨衣服时，熨斗喷出来的蒸汽是烫的，冷的不可以熨衣服吗?

我怎么会想到这个问题的：

妈妈经常用蒸汽熨斗熨烫衣服，但她每次在熨衣服的时候，总是让我站远点，以免被蒸汽烫伤。为什么熨衣服要用热的蒸汽呢？如果是冷的，不就不会烫到我了吗？如果烫不到我，我也可以帮妈妈熨衣服了呢。

妈妈之前还用过电熨斗，但是电熨斗也是很烫的，熨衣服之前还会在衣服上喷点水。我看到的这两种熨斗在用的时候都是烫的，而且都用到了水。

可不可以用凉的熨斗熨衣服呢？熨衣服时不用水可不可以呢？

 ## 关于这个问题我的思考是：

思考一 蒸汽熨斗是否可以喷出冷的蒸汽?

为了验证这个问题，我把蒸汽熨斗装好水后，只插上电源，但不打开开关，发现并没有蒸汽出来。将开关调节到丝绸、棉料等的位置，喷头一会儿就有水蒸气出来了。原来水蒸气的产生是需要加热的，开关不做调节，水没有被加热，也就没有蒸汽出来。水在加热过程中产生的蒸汽必然也是烫的了。

思考二 凉的熨斗可以熨衣服吗?

如果凉的熨斗也能让衣服变平整的话，这样就可以避免烫伤了。我首先用玻璃水壶代替熨斗，将水壶装满凉水熨衣服，之后把水加热，再次熨烫衣服。观察用冷水壶和热水壶熨烫衣服的效果有什么不同。

思考三 如果在熨烫衣服时，不在衣物上喷水，是否也可以熨烫衣服呢?

于是在实验中，我先不在衣服上喷水，直接用热的水壶熨烫衣服，发现熨烫效果不明显。

如果不喷水直接用热的熨斗熨烫衣服，熨烫时间过久、温度过高，不但容易把衣服烫坏，也容易发生火灾事故。

我的验证过程：

如图 7-2-1，蒸汽熨斗开关不做调节，喷不出热的蒸汽。把开关调节到丝绸、棉料等位置，喷头才会有水蒸气喷出来。

如图 7-2-2 准备实验材料（带有褶皱的裤子、平底的玻璃水壶、水壶底座、蜡烛、喷壶）。

如图 7-2-3，用装有冷水的壶熨衣服，发现褶皱没有减少，证明凉的熨斗不能把衣服熨烫平整。

如图 7-2-4，将水壶里的水加热，用热水壶代替热的熨斗。

如图 7-2-5，不在衣服上喷水，直接用热的水壶熨烫衣服，发现熨烫效果也不明显。

如图 7-2-6、图 7-2-7，在衣服上加喷水后再用热的水壶熨衣服。

如图 7-2-8，加喷水后，用热的水壶熨衣服的效果明显，衣服熨平整了！原来的褶皱不见了！

图 7-2-1

图 7-2-2

图 7-2-3

图 7-2-4

图 7-2-5

图 7-2-6

图 7-2-7

图 7-2-8

我的结论：

　　蒸汽熨斗喷不出凉的蒸汽，凉的熨斗也不能把衣服熨烫平整。熨烫衣服的原理是通过加热的方式，使衣服面料里的纤维定型。在没有熨烫之前，衣服里的纤维，有的是直的，有的是弯的。如果想让弯曲的衣服纤维变直，必须得通过加热的方式，使纤维形态发生改变。熨烫衣服的过程就是对衣服里的纤维重新定型的过程。

　　通过喷水加湿衣物，能使衣服中的纤维疏松、伸展，加速热量传递，利于衣服纤维的定型，同时又不容易将衣物熨焦、发生火灾事故。

2018级（1）班　周　禧

3. 为什么开车时，车窗玻璃上会有雾气？

我怎么会想到这个问题的：

今年过年期间，爸爸开车带全家去苏州玩，因为下雨，爸爸把车窗都关闭了。我发现随着时间的推移，每扇车窗玻璃上都会慢慢出现白白的雾气。我觉得很好玩，就在车窗上画画、写字、按手印。没多久爸爸开启空调冷气，雾气就和我的画、字和手印一起消失。于是，我就会调皮地告诉爸爸我冷，让爸爸把空调关掉。慢慢地，我的画、字、手印就伴随着雾气一起又出现在了车窗玻璃上，等爸爸看不见前方的路开启空调冷气后，它们又都不见了，周而复始，所以我就想到了这个问题："为什么开车时，车窗玻璃上会有雾气？"

 ## 关于这个问题我的思考是：

思考一

爸爸告诉我雾气就是人在车内呼吸造成的，如果我们直接向车窗玻璃上呼气也会产生雾气，我就想如果车上没有人，也就没有人呼吸了，那么车窗玻璃上还会产生雾气吗？

思考二

雾气产生后爸爸会开启冷空调，雾气就会慢慢消失，那么爸爸为什么不开热空调呢，如果开热空调，雾气还会慢慢消失吗？

思考三

每次雾气都会在车窗玻璃上凝结，如果爸爸把车窗玻璃打开，我们等一段时间再把车窗玻璃摇起来，那这时车窗玻璃上会有雾气吗？

我的验证过程：

如图 7-3-1，我直接向车窗玻璃上不断吐气，车窗玻璃上就会由小变大慢慢产生雾气圈，中途我们全家一起去休息站上厕所，车上没人，回来后我发现车窗上没有形成雾气，这些都证明了是人在车内呼吸形成的雾气。

从休息站出来后再次上路，我叫爸爸开热空调试试看，爸爸告诉我一开热空调原来没有雾气的车窗玻璃上马上会形成一层雾气。我不信，于是爸爸就开启热空调给我看。我发现空调里吹出来的热风直接在车窗上形成一层雾气，我明白了是因为车内温度和外界温度相差很大，因此产生雾气，开冷空调就不会产生雾气反而可以消解雾气（图 7-3-2）。

后来车子开到苏州时，就不下雨了，于是爸爸就关闭空调，打开车窗通风行驶。到达目的地后，爸爸摇起车窗玻璃，我发现车窗玻璃上是没有雾气的（图 7-3-3），我就知道了是因为车窗玻璃与外界接触，车内的水蒸气凝结在玻璃上形成雾气。

图 7-3-1

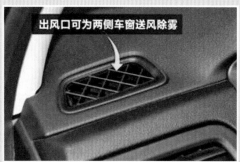

图 7-3-2

图 7-3-3

我的结论：

　　雾气是因为这些原因产生的：（1）是人在车内呼吸产生水蒸气；（2）是因为车内温度和外界温度相差很大的原因产生雾气；（3）是因为车窗玻璃与外界接触，车内的水蒸气凝结在玻璃上形成雾气。

2018级（1）班　周蔓芩

4. 衣服上的污渍如何清洗干净？

我怎么会想到这个问题的：

平时上学、吃饭、做游戏的时候，我经常会不小心在雪白的衣服上面沾满各种污渍，例如番茄汁、墨水或者酱油。妈妈为此头痛不已，虽然不忍心责骂我，但无法把衣服清洗干净，导致没有穿多久的衣服就要扔掉，实在是费时费力费钱。为此，在寒假里，我在网上看视频，希望能够找到一种适合清洗多种污渍的方法，解决清洗脏衣物的问题。

 关于这个问题我的思考是：

思考一

我了解到影响清洗效果的主要因素包括：洗涤剂的去污能力、洗涤温度以及洗涤方式。如何确定最佳洗涤方式，需要设计实验来确定结果。

思考二

我最终确定比较三种不同的洗涤剂——肥皂水、洗洁精、牙膏水的清洁效果。如何比较出三种洗涤剂对三种不同污渍的洗涤效果呢？这需要采用对照法和九宫格法进行实验来确认结果。

思考三

确定最佳洗涤温度，需要选择最佳洗涤剂，通过温度阶梯设计实验来确定结果。

思考四

如何确定最佳洗涤方式，需要选择最佳洗涤剂和温度，通过不同洗涤方式进行实验来确定结果。

我的验证过程：

首先，如图 7-4-1，选择白色布块，分别沾染番茄汁、墨水和酱油，等待 5 分钟；接着按照图 7-4-2，分别用清水、肥皂水、洗洁精和牙膏水进行清洗，对比清洗效果。

结果是：去污能力最强的是洗洁精。

其次，如图 7-4-3，选择最佳洗涤剂洗洁精，采用三个阶梯温度（0℃、30℃、50℃）的水，分别清洗常见的污渍番茄汁，比较洗涤效果。

结果是：50℃的洗洁精水清洁番茄汁的能力最强。

最后，如图 7-4-4，选择最佳洗涤剂洗洁精，最佳温度 50℃，分别利用手搓和洗衣机清洁两种方式，比较洗涤结果。

结果是：洗洁精水在 50℃下手搓清洁效果最好。

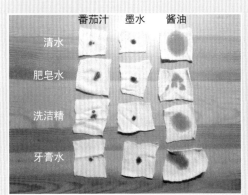

图 7-4-1

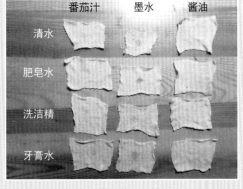

图 7-4-2

图 7-4-3

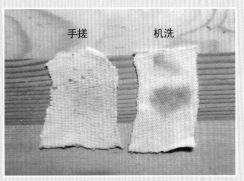

图 7-4-4

我的结论：

家中常见污渍如番茄汁、墨水和酱油最佳洗涤条件是清水50℃，加入洗洁精，用手搓方式清洗。经过上网查询，洗洁精的清洁原理是乳化原理。一般乳化剂是两亲分子（既亲水又亲油），乳化剂的亲油端可以将衣服上的油污包裹在里面，而亲水端露在外面。根据相似相溶的原理，被乳化剂包裹的一个个"衣服上的油污"便可以分散到水中，被清洗掉了。

2018级（4）班　李孟宸

5. 磁铁块也能便捷快速辨别方向吗？

我怎么会想到这个问题的：

我和爸妈经常去旅游，在风景优美的地方玩得兴致勃勃，但是总有些时候妈妈会搞错方向，尽管妈妈固执地认为她是对的，但最后还是在事实面前承认错误。但是又能怎样，我和弟弟已经尽最大的努力走到最后，结果告诉我们路走错了，让我们体会到了"流浪地球"般的凄惨！

我们能否自制指南针辨别方向呢？

关于这个问题我的思考是：

思考一

如果我们有一块磁铁和一个钢针，做个指南针，我们首先必须知道钢针磁化后的N极和S极。经查阅钢针与磁铁的某极接触摩擦就会磁化为相同的磁极。

思考二

如果有了明确两极的钢针，我们需要一个可以自由转动的平台，才能让钢针接受磁力的影响而指定方向。

思考三

平静的水面上有一定的分子张力，可以承受钢针的重量而又能自由转动。

我的验证过程：

实验第一步：如图 7-5-1，准备一盘清水、一个钢针、一块磁铁、方向指示牌。

实验第二步：如图 7-5-2，用钢针

47

的针尖一头去磁铁的 S 极摩擦二十次，按照理论此时钢针的针尖就是磁铁的 S 极，若自由转动应指向地球的地理南极（也就是磁北极）。

实验第三步：如图 7-5-3，轻轻地把钢针放于水面上，可看到钢针稳定后始终指向一个方向。针尖指的方向就是南方。与实际方向验证是一致的，实验成功。

图 7-5-1

图 7-5-2

图 7-5-3

我的结论：

（1）磁化钢针的磁极与接触磁极相同，即用 S 极磁化为 S 极，用 N 极磁化为 N 极。

（2）磁化后的钢针可以在水面上用作指南针。

（3）在不知方向的情况下，知道以上知识可以自助制作指南针来辨别方向。

2014级（1）班　刘可欣

6. 汽水为什么有"气"？

我怎么会想到这个问题的：

　　每次我走进超市都会发现货架上摆满各式各样的瓶装饮料，有很多饮料都标注碳酸饮料，特别是天热时，人们都喜欢喝盐汽水，打开后你会发现汽水冒出一个个小泡泡，一旦用力摇晃汽水后再打开瓶盖，瓶内液体将迅速向外排出。冒泡的是什么气体呢？它对我们有什么帮助？碳酸饮料的包装基本都是圆柱体或变形圆柱体，这是为什么？炎炎夏日喝汽水后，会感到非常凉快，而且你会感到有东西冲击你的口腔，感觉鼻子会很酸，喝后还容易打饱嗝，这又是为什么？

 ## 关于这个问题我的思考是：

思考一

　　汽水中的"气"是什么？我们喝的饮料一般为碳酸饮料，是在一定条件下充入二氧化碳的饮料，加一定压力，使二氧化碳溶于水中。当打开瓶盖以后，由于瓶内压强高于外界，使压缩的二氧化碳迅速扩散冲出瓶口，从而出现气体冒出的现象，如可乐、雪碧、汽水等一般饮料，由于内部受热或剧烈震动而引起瓶内液体的体积膨大，从而在打开时出现"冒气"。

思考二

　　夏天喝汽水为什么使人感到凉爽？汽水喝入胃中，人会不停地打嗝来释放这些气体，从而带走体内的一部分热量，使人觉得凉快。碳酸饮料因含有二氧化碳，能起到杀菌、抑菌的作用，还能通过蒸发带走体内热量，起到降温作用。但是，靠喝碳酸饮料解渴是不正确的。碳酸饮料中含有大量的色素、添加剂、防腐剂等物质，这些成分在体内代谢时反而需要大量水分，而且可乐含有的咖啡因也有利尿作用，会促进水分排出，所以碳酸饮料会越喝越渴。

思考三

　　生活中为什么盛装汽水的容器都是圆柱形的？盛装铝罐、塑料瓶之所以做成"圆柱体"而不是"球体"或"长方体"的主要原因是因为碳酸饮料含有二氧化碳，需要能耐一定压力的容器来盛装，圆形塑料瓶（或是铝罐）更有利于承受里面的压力，"圆柱体"不仅能平均各个方向的受压力，而且容易拿取，又可以方便堆放。

我的验证过程：

　　找一块泡沫塑料削成一个瓶塞，中间开一个小孔插入一根橡皮管。一只广口瓶中放一支点燃的短蜡烛。打开汽水瓶盖，把泡沫塑料塞塞入瓶口，橡皮管伸入广口瓶，轻轻地摇晃汽水瓶，汽水中冒出的气体通过管子进入广口瓶，过一会儿，原来燃着的蜡烛灭掉了。再试着把管子伸入有澄清石灰水的广口瓶中（图7-6-1），澄清石灰水会变得浑浊（图7-6-2），可以断定汽水中的"气"是二氧化碳。

图7-6-1　澄清石灰水

图7-6-2　浑浊石灰水

我的结论：

　　汽水其实只是一瓶二氧化碳的水溶液，把2～3大气压的二氧化碳密封在糖水里，就会有部分的二氧化碳气体溶解在水中，二氧化碳在水中就形成碳酸，汽水给人的那种刺激味道就是因为其含有碳酸。

2017级（3）班　潘菲旸

7. 怎么样切洋葱不会辣到眼睛？

我怎么会想到这个问题的：

外婆和妈妈做饭的时候，我偶尔会到厨房帮忙，每次看她们切洋葱的时候，总感觉鼻子和眼睛辣辣的，有时候还会流出眼泪。我问外婆和妈妈，为什么洋葱会让人流眼泪，她们说让我自己去查找答案。于是我查找了《十万个为什么》，得到了答案：原来在切洋葱的时候，洋葱的细胞会被切破，释放出一种酶，这种酶暴露在空气中可以产生一种气体，这种气体与眼睛接触后，迅速与眼泪发生反应，产生硫黄酸。这种酸对眼睛产生刺激，促使大脑给眼睛里的泪腺发出信号，命令它们生成更多液体，把硫黄酸冲出来。

可是，有没有什么办法让我们切洋葱的时候不会被辣到眼睛呢？

 关于这个问题我的思考是：

思考一

既然主要导致流眼泪的物质是一种气体，那么怎么样才能阻隔这种气体和眼睛接触呢？

我首先想到的是游泳时戴的游泳眼镜，能隔绝水，当然也能隔绝这种气体，可是当我向外婆和妈妈推荐的时候，她们觉得戴着游泳眼镜做饭太傻了，也太麻烦了。那么能不能在水里面切洋葱呢？经过试验，我也放弃了，因为在水里切洋葱实在太慢了，切好的洋葱会浮上来，而且好像切完的洋葱被洗过后，再炒就失去了洋葱的香味。

思考二

我发现在夏天切洋葱比在冬天切洋葱更辣眼睛，那么是不是夏天的温度比较高，切洋葱时产生的气体挥发比较快，冬天的时候温度比较低，气体挥发得比较慢呢？

思考三

能不能利用家里的冰箱来给洋葱降温，从而达到减少气体挥发的目的呢？如果可以的话，用冰箱的哪个格子来冷冻更有效果呢？

我的验证过程：

2019 年 2 月 18 日，我准备了一个洋葱，为了避免不同洋葱的辣度不一样，我把同一个洋葱切成大小相同的三份（图 7-7-1）；图 7-7-2 是实验用到的冰箱，共有三个格子：速冷室 2℃、冰温室 0℃、速冻室 -16℃，如图 7-7-3 所示。

把三份洋葱分别放入速冷室（左边）、冰温室（中间）、速冻室（右边），开始计时。5 分钟后，同时取出三份洋葱，按图 7-7-4 和图 7-7-5 所示的方式切下一个薄片，用鼻子和眼睛感受辣度如何，进行对比，记录下此时的感受。

把三份洋葱重新放入冰箱不同的格子，顺序和位置与上述步骤保持一致。重新开始计时，5 分钟后再次同时取出三份洋葱，再次按照上述方式切下一个薄片，用鼻子和眼睛感受辣度如何，进行对比，记录下此时的感受。

重复以上步骤，时间间隔扩大为 10 分钟，总计 30 分钟后，取出三份洋葱如图 7-7-6 所示。

把四次用鼻子和眼睛感受到的洋葱辣度记录如表 1 所示。

表1 不同温度条件下洋葱切片辣度与时间的关系

时间/分	速冷室（左边）2℃	冰温室（中间）0℃	速冻室（右边）-16℃
5	辣	辣	微辣
10	辣	微辣	不辣
20	微辣	不辣	不辣
30	不辣	不辣	不辣

图 7-7-1

图 7-7-2

图 7-7-3

图 7-7-4

图 7-7-5

图 7-7-6

我的结论：

利用冰箱对洋葱进行处理，可以减少切洋葱时对眼睛的影响，使切洋葱时不会辣到眼睛。

处理效果最快的是速冻室，最慢的是速冷室，把洋葱放到速冻室，只需要5分钟就能有效降低辣度，只需10分钟就可以达到不辣眼睛的效果；而在速冷室需要20分钟左右才能降低辣度，需要30分钟才能达到不辣的效果。实验是在冬天的时候做的，如果在夏天，可能需要更长的时间。

速冷室的优点是能够保持洋葱的口感和状态，缺点是所需时间长，做菜时临时放进去效果不太好；速冻室优点是速度快，但缺点是如果放进去时间太久了或者忘记及时取出来，洋葱会被完全冷冻，做菜时再次解冻会破坏口感。

为了提高做饭效率，可以提前把洋葱放在0℃的冰温室中，这样既能有效降低切洋葱时的辣度，又不会因低温时间太久导致洋葱状态和口感发生变化。

2017级（4）班　司　想

8. 不吹蜡烛就让它熄灭，可行吗？

我怎么会想到这个问题的：

今年大年初三给我奶奶庆祝生日，在唱完《生日快乐歌》后，就该是奶奶吹蜡烛许愿的时候了，奶奶要我帮她吹灭许愿蜡烛，这时候我突然萌发了一个想法——有没有办法可以不用嘴吹，就可以使蜡烛熄灭呢？我认真地想了半天，但没找到好办法，却又不肯放弃，就去请教妈妈，妈妈果然厉害，告诉我这个是真有办法的！妈妈带着我去看了家门口常备的灭火器，先给我讲解了它的灭火原理，妈妈说我们用的灭火器是依靠二氧化碳隔绝空气中氧气的原理，使火焰在燃烧时因为没有氧气而无法继续燃烧。然后妈妈为了让我能够真正地明白，还特地帮我准备了一个小实验，让我亲身体验了灭火的过程。

我的验证过程：

1. 如图 7-8-1，准备实验材料：小苏打、白醋、量杯、取样勺、蜡烛。

2. 如图 7-8-2，点燃蜡烛。

3. 如图 7-8-3，量杯中倒入 40 毫升白醋，放入 1 勺小苏打后产生大量二氧化碳气泡。

4. 如图 7-8-4，5～10 秒后拿起量杯，使杯口靠近烛焰上方，并缓缓倾斜量杯，蜡烛即刻熄灭。

实验原理说明：小苏打是碱性的，主要成分是碳酸氢钠；白醋是酸性的，主要成分是醋酸。两者接触后碳酸氢钠与醋酸发生化学反应，生成醋酸钠与碳酸，而碳酸不稳定，会继续分解为二氧化碳和水。二氧化碳比空气重、不支持燃烧，故将空气中的氧气与蜡烛火焰隔绝，使得蜡烛熄灭。

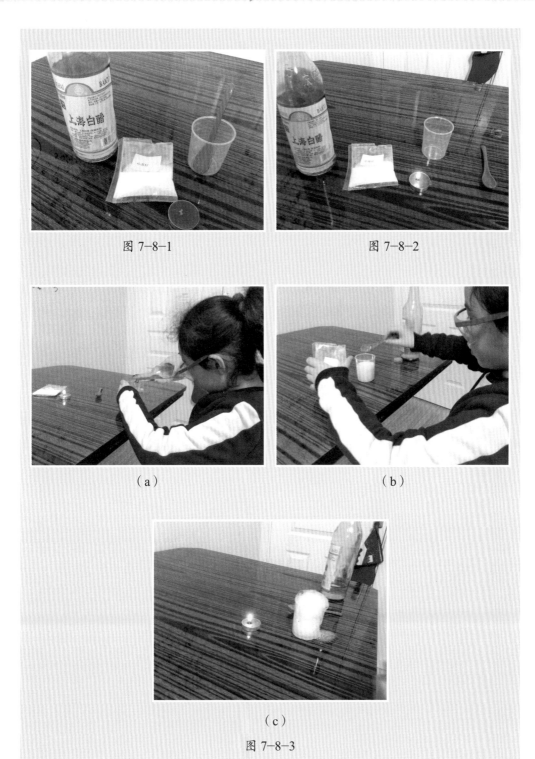

图 7-8-1　　　　　　　　　　　图 7-8-2

（a）　　　　　　　　　　　（b）

（c）

图 7-8-3

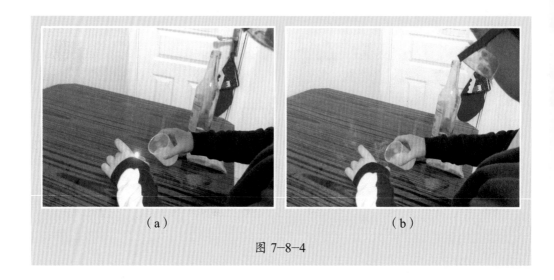

（a）　　　　　　　　　　（b）

图 7-8-4

我的结论：

可以不用嘴吹，就使蜡烛熄灭。

2017级（4）班　毛心辰

9. 飞机为什么会飞?

我怎么会想到这个问题的:

每次坐飞机的时候,我都有一个疑问,飞机为什么会飞。飞机那么大那么重,还搭载了许多乘客。人自己是不能飞翔的,可是装了几百人的大飞机却可以飞上蓝天,实在是太神奇了。

我曾经想过,动物可能是人类的老师。就像青蛙,青蛙好似游泳老师,人可能就是跟着青蛙学会了游泳,所以就有蛙泳这一泳姿。鸟能飞,鸟是飞机的老师,飞机就是照着鸟的样子造出来的。鸟儿通过扇动翅膀利用风力,让自己飞上天空。可是飞机的翅膀不会动,怎么能飞起来呢? 除此之外,我还有新的疑问:有的物体虽然不像鸟,却一样也能飞上天空,比如说火箭、热气球还有风筝等。那这些物体飞上天又是借助了什么力量呢?

关于这个问题我的思考是:

思考一 飞机在飞翔和降落的时候都需要在跑道上滑行,飞机翅膀的作用是什么呢?

通过查阅资料:飞机从起跑、空中运行以及着陆,都需要发动机里的能源来提供动力,飞机发动机也被称为"飞机心脏"。但是,发动机和能源,也只能保证飞机能起跑,飞机是如何升上天飞行的呢? 原来在发动机的推动下,飞机会受到一个向前的力,这时,飞机的机翼开始发挥作用,在向前的力的作用下,飞机的两个翅膀就会和空气之间摩擦,产生一个向上的力,从而使飞机能够上天。

思考二 火箭在飞上天空前有点火和燃烧的步骤,它是借助燃烧产生的能量飞上天空的吗?

通过查阅资料:火箭是一种喷气推进装置。火箭的应用范围很广,包括导弹、航天器、甚至烟花焰火等。火箭是靠能源燃烧产生气体向后高速喷射,获得反作用力向前推进的飞行器。发射时产生的巨大推力使火箭在短时间内迅速升入高空,随着燃料

57

不断消耗，火箭自身质量逐渐减小，在与地球距离增大的同时，质量和重力影响不断下降，火箭速度越来越快，最终将运载的通信卫星或气象卫星送往地球或太阳轨道。

思考三 热气球也是靠燃烧产生的能量升空。火箭的燃烧在尾部，热气球的加热装置位于热气球结构内。热气球和火箭升空的原理一样吗？

通过上网查询：热气球，严格说来应该叫密封热气球，由球囊、加热装置和吊篮三部分构成。热气球利用热胀冷缩原理，加热后球囊内空气密度低于气球外的空气密度以获得浮力飞行。除此之外，加热装置还能调整热气球球囊中空气的温度，从而达到控制气球升降的目的。

我的验证过程：

1. 坐飞机时特意选择了靠窗靠机翼的座位，观察飞机起飞时机翼的变化。飞机的机翼虽然是固定的，但是飞机机翼尾侧有一排细长板，叫襟翼（图7-9-1）。襟翼在飞机起飞和着陆的时候通过开合来实现调节气流方向的目的（图7-9-2）。

2. 火箭的助推升空原理同于烟花升空。湖南浏阳是烟花爆竹之乡，今年春节回湖南过年，爸爸买来魔术弹在指定区域燃放，美丽的烟花发射到高空中（图7-9-3）。每发射一弹烟花，我都能感觉到魔术棒向后推的力量。

3. 去年大姨和表姐去土耳其旅游乘坐了热气球，我特地向她们询问了热气球知识。热气球飞行的最佳时间是在清晨，这是根据热气球的飞行原理决定的。清晨户外空气的温度最低，球囊内空气被加热后，热胀冷缩更明显，热气球易升空。热气球"起飞"后，每次要上升的时候驾驶员就会点火。而需要降落时驾驶员则把火关小。热气球的球囊比我想象中大多了，普通吊篮可乘坐10人，大型吊篮甚至能装20～30人（图7-9-4）。

图 7-9-1　飞机襟翼

图 7-9-2　飞机襟翼所在位置

图 7-9-3　魔术弹烟花升空

图 7-9-4　天刚亮，工作人员正在点火给热气球加热

我的结论：

无论飞机、火箭还是热气球，物体升空需要获得一个向上的力量。

获得途径主要有以下三种：

1. 物体上下表面空气的压强差；

2. 物体尾部向下排出冲力后得到的反作用力；

3. 借助空气的浮力，即物体的密度小于空气密度。

2017级（5）班　汤若乔

10. 能否使用日常生活中的常见材料给气球自动充气?

我怎么会想到这个问题的:

在一些喜庆的场合都会使用气球作为装饰物,在使用气球装饰前都要给气球进行充气,基本上我们会使用打气筒或者直接用嘴给气球吹气。用打气筒的话需用手来回地给气球打气,用嘴吹的话那就更加吃力了,而且还很不卫生!那有什么办法能自动给气球充气呢?我查阅了资料发现用白醋和小苏打可以产生大量的二氧化碳气体,而上面的两种材料在家里都很常见,我决定试一下能否用醋和小苏打产生的二氧化碳自动地给气球充气!

关于这个问题我的思考是:

思考一 如果想产生大量的气体,用什么东西去制备,同时这些原材料又是家庭生活中容易找到的?

生活中的很多问题如果利用其化学原理,可以产生很多有趣的现象,或者是可以有很多用途。查阅相关资料后我了解到:如果你在一个碗里倒上小苏打,再小心加入白醋就会产生很多气泡!为什么呢?这其实是一个化学反应,小苏打和白醋的主要化学成分分别是"碳酸氢钠"与"乙酸",这两种化学物质遇到一起会发生剧烈的化学反应,产生大量的二氧化碳气体。二氧化碳越来越多,在液态物质中翻腾,就是你刚才看到的气泡产生的原因了。

思考二 二氧化碳是什么样的气体?

二氧化碳是空气中常见的化合物,其分子由一个碳原子和两个氧原子组成。常压下为无色、无臭、不助燃、不可燃的气体。二氧化碳略溶于水,少部分二氧化碳会和水反应,产生碳酸,在低浓度下是安全无毒的。植物在有阳光的情况下吸收二氧化碳,在其叶绿体内进行光合作用,产生碳水化合物和氧气,人和动物在呼吸时是吸入氧气呼出二氧化碳。

思考三 用二氧化碳充气的气球能否在空气中自己飞起来？

不能飞起来，因为要使气球飞起来就要充入比空气质量更轻的气体，二氧化碳的质量比空气重，因此充了二氧化碳的气球不能够自己飞上天，反而会落下来。

我的**验证**过程：

首先准备材料：气球、小苏打、白醋、饮料瓶（图7-10-1）。

第一步：将一张纸折成漏斗形状，放到气球口上（图7-10-2）。

第二步：通过漏斗往气球里加入一勺小苏打（图7-10-3）。

第三步：往饮料瓶里倒入1/3瓶的白醋（图7-10-4）。

第四步：小心地把气球套在饮料瓶瓶口上，先不要让小苏打掉入瓶中（图7-10-5）。

第五步：将气球里的小苏打快速倒入瓶中，就能看到气球慢慢被吹大啦（图7-10-6）。

图 7-10-1

图 7-10-2

图 7-10-3

图 7-10-4

图 7-10-5

图 7-10-6

我的结论：

通过实验证实，白醋和小苏打会产生大量的二氧化碳气体，能自动把气球吹大！

2016级（1）班　袁可馨

11. 为什么3D眼镜能显示立体的画面?

我怎么会想到这个问题的:

放假的时候去看 3D 电影,我发现看电影时,如果不戴 3D 眼镜,那么电影屏幕上显示的是有重影的模糊图像,但是戴上 3D 眼镜就能看到栩栩如生的立体影像。那些画面立体地呈现在我们面前,仿佛伸手就可以触摸到它们。

3D 眼镜的原理是什么?为什么薄薄的一副镜片就能把偌大的银幕画面显示得如身临其境?这真的是一个让人费解的问题啊!

 关于这个问题我的思考是:

我们之所以能感受到一个物体是立体的,是因为我们的两只眼睛看同一个物体的时候,由于眼睛所处的位置不一样,所以左眼和右眼看同一物体时的位置和角度也有细微的差别,这些差别让我们产生了事物"立体"的感觉。

思考一

3D 电影的屏幕上有两个画面重叠在一起,3D 眼镜的左右两块镜片是不一样的,镜片分离这两个重叠的画面,并将其中的一个挡住,另一个可以正常地透过镜片,所以我们的两只眼睛能看到不一样的画面。

思考二

因为戴上3D眼镜后,双眼看到的颜色是相同的,所以3D眼镜不是通过过滤颜色来分离两个画面,而是通过其他方法来分离这两个画面的。

思考三

如果3D眼镜是通过其他方法来分离两个画面的,那么能透过左眼镜片的光和能透过右眼镜片的光有什么区别?光是不是除了有颜色以外,还有某些我不知道的属性?

思考四

电影屏幕上的光是不是普通的光?我们平时生活中的光有没有这种属性?

我的验证过程：

我买了一副 3D 眼镜后，把眼镜上的两块镜片拆下来，带到 3D 电影院做了几个实验：

将两个镜片重叠，透过两个重叠的镜片去看电影，我发现什么都看不见，这证明了思考一成立。电影院屏幕上有两个画面，给右眼看的画面无法透过左眼的镜片，给左眼看的画面无法透过右眼的镜片。因此当两个镜片重叠时，两个画面都被挡住，所以隔着两个镜片会什么都看不见（图 7-11-1）。

保持两个镜片的重叠状态，然后旋转其中一个镜片后，我发现当其中一个镜片旋转 90 度后，可以透过重叠的两个镜片看到一个清晰的画面。这说明 3D 电影院屏幕上的光和镜片的方向有关。

根据上述实验所得出的结论，我再试着将两个镜片都旋转 90 度后发现，原来左眼的镜片能够看到右眼的画面，而右眼的镜片能够看到左眼的画面，这证明了思考三成立，光线有一个我不知道的属性，虽然人眼无法辨别，但是 3D 眼镜可以区分，通过控制镜片方向，可以过滤不同的光，从而呈现不同的画面。

将两个镜片重叠，然后用手电筒照射两个重叠的镜片，我发现几乎没有光线能透过这两个镜片。我再将其中一个镜片旋转了 90 度后，有光线能够透过去了，这说明我们平时生活中所接触到的光也有相同情况。

图 7-11-1　我在观看 3D 电影

我的结论：

在网上查了相关资料后，我知道了，我们平时所接触到的光，除了颜色、照射方向外，还有个属性，叫偏振方向。光是一种波，有波峰和波谷，光的波峰和波谷在同一平面上交替出现，而这个平面的方向就是光的偏振方向，但由于人的眼睛没有辨别偏振光的能力，故无法察觉。

3D眼镜只能让一个偏振方向的光透过，其他偏振方向的光则全部挡住，比如电影院里面，两个镜片的偏振方向正好相差90度，如果把左眼镜片旋转90度，那么看到的就和右眼镜片看到的图案一致了（图7-11-2）。

3D眼镜采用了当今最先进的"时分法"，通过3D眼镜与显示器同步的信号来实现。当显示器输出左眼图像时，左眼镜片为透光状态，而右眼为不透光状态，而在显示器输出右眼图像时，右眼镜片透光而左眼不透光，这样两只眼镜就看到了不同的游戏画面，达到欺骗眼睛的目的（图7-11-3）。

以这样频繁的切换来使双眼分别获得有细微差别的图像，经过大脑计算从而生成一幅3D立体图像。3D眼镜在设计上采用了精良的光学部件，与被动式眼镜相比，可实现每一只眼睛双倍分辨率以及很宽的视角（图7-11-4）。

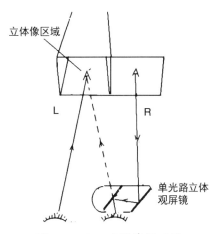

图7-11-2 观屏幕原理图

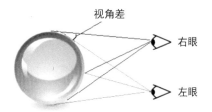

图7-11-3 视角差的成像原理图

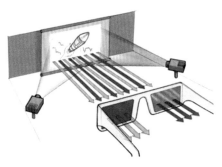

图7-11-4 色差式3D眼镜原理图

2016级（4）班 陈思宇

12. 如何解决热水壶内胆水垢问题？

我怎么会想到这个问题的：

热水壶是我们家里常用的日用品，使用时间长了内胆总是存在厚厚的水垢，长期使用有很多水垢的热水壶的话，会影响人的身体健康，容易造成结石、便秘等问题，还有什么比身体健康更重要的呢？所以我一直很关注这些问题。那么有什么好的方法可以轻松地去除水垢呢？通过查找资料，我学习到了一些简单实用的好方法，为此我也做了一些小实验，来验证这些方法的实用性。

图 7-12-1 是我家充满水垢的不锈钢热水壶内胆。

图 7-12-1

关于这个问题我的思考是：

思考一

使用食用醋去除水垢，这是最简单也是最实用的方法，大家都知道水垢的主要成分是碳酸钙和碳酸镁，醋酸会与碳酸钙、碳酸镁发生化学反应，生成可溶于水的醋酸钙和醋酸镁，从而除掉水垢。

思考二

使用柠檬除水垢。资料显示柠檬中的柠檬弱酸加热后和水垢中的主要成分碳酸钙反应，使水垢脱落，所以柠檬也可以去除水垢。

我的验证过程：

1. 针对思考一，通过询问家长和查阅网络资料进行实验，具体过程如下：在不锈钢水壶中加入水壶刻度的 10% 的白醋（图 7-12-2 所示），然后加满水，烧开后放置一个晚上后冲洗掉就可以了，除垢效果真的很惊人，见图 7-12-3。

2. 针对思考二的验证。首先取出一个新鲜的柠檬，切成片后放入壶中烧开后泡一段时间，水垢就很容易地被清除了，这个跟超市买的去水垢清洁剂原理是一样的，但我觉得这种方法对人体更加安全，验证结果见图 7-12-4。

图 7-12-2   图 7-12-3   图 7-12-4

我的结论：

通过对以上两种方法的实验，把原来结了厚厚水垢的水壶内胆清理得干干净净，不仅让我学到了一些平时学校里学不到的知识，而且还学会了一些有用的生活小常识。

2016级（4）班　秦毅涛

13. 我们的周围一直都有大气压吗？

我怎么会想到这个问题的：

妈妈给我买了一把可以吸在镜子上的牙刷，只要轻轻地一按，牙刷就稳稳地吸在镜子上，非常牢固，怎么也不会掉下来。当时我就想，为什么牙刷可以有吸力？然后我观察了卫生间的摆设，看到挂毛巾的挂钩也是吸在瓷砖上的，我又想，吸盘牙刷和吸盘挂钩都是没有黏性，也没有磁性的，那它们是靠什么固定在物体上的呢？是不是有一只看不见的手把它们紧紧地压在物体上呢？

 关于这个问题我的思考是：

思考一 大气压强是如何产生的？

地球周围包着一层厚厚的空气，它上疏下密地分布在地球的周围，总厚度达1 000千米，所有浸在大气里的物体都要受到大气作用于它的压强，就像浸在水中的物体都要受到水的压强一样。空气受到重力的作用，而且具有流动性，因此空气内部向各个方向都有压强。讲得细致一些，由于地球对空气的吸引作用，空气压在地面上，就要靠地面或地面上的其他物体来支持它，这些支持着大气的物体和地面，就要受到大气压力的作用，这些物体和地面在单位面积上受到的大气压力，就是大气压强。

思考二 为什么空气中有压力，而我们却感觉不到？

通过翻阅书籍，我知道这是因为我们的身体里也有空气，而且身体里空气的气压和身体外的气压相同，它们相互抵消了，所以才感觉不到。如果人身体里没有空气，那么我们就会被大气压强给压扁了。

思考三 如果没有了大气压强会怎么样？

首先，如果没有了大气压强我们将不能用吸管吸所有液体，比如饮料。另外我们还无法使用生活中很多很多的物品，比如吸盘、打气筒等。

其次，也就是最重要的问题，如果没有大气压强，我们地球上的绝大部分生物都要死掉。因为有大气层和地心引力，才使得空气被吸附在地表面和大气层之间。因为空气是物质，所以必然会有质量，在地球的万有引力下就有了重量，所以说白了，大气压对我们所做的就相当于在一个真空环境下有人用一个很大的海绵从各个方向使劲地挤我们，地球上的生物，确切地说是地球表面的生物经过了很长的时间已经适应了在这种被"他人挤着"的情况下生存，如果没有这个力挤压我们的话，我们就会因为不适应而死。很多深海鱼被打捞上来以后死掉就是这个道理。所以大气压是非常非常重要的。

思考四 大气压强跟什么因素有关？

大气压的变化跟高度有关。大气压是由大气层受到重力作用而产生的，离地面越高的地方，大气层就越薄，那里的大气压应该就越小。不过，由于跟大气层受到的重力有关的空气密度随高度变化不均匀，因此大气压随高度的减小也是不均匀的。

大气压的变化还跟天气有关。在不同时间，同一地方的大气压并不完全相同。我们知道，水蒸气的密度比空气密度小，当空气中含有较多水蒸气时，空气密度要变小，大气压也随之降低。一般说来，阴雨天的大气压比晴天小，晴天发现大气压突然降低是下雨的先兆；而连续下了几天雨发现大气压变大，可以预计即将转晴。另外，大气压的变化跟温度也有关系。由于气温高时空气密度变小，所以气温高时的大气压比气温低时要小些。

我的验证过程：

如图 7-13-1，在装满水的盘子里，放置一根蜡烛，并点燃它。

将一个玻璃杯盖上蜡烛，杯子里的蜡烛因空气减少而逐渐熄灭（图 7-13-2，图 7-13-3）。

空气少了，杯子里的压力相对也减少。杯子外的压力大于杯子里的压力，所以将盘子里的水压入了杯子中。

图 7-13-1　　　　图 7-13-2　　　　图 7-13-3

我的结论：

空气中一直有大气压强的 存在。我们可以观察大气压 强，并且在生活中加以应用，以此来方 便人们的生活。

2016级（4）班　张曦文

14. 怎样使家里的恒温鱼缸节约用电量？

我怎么会想到这个问题的：

    我爸爸喜欢养热带鱼，家里的鱼缸里天天都需要加热器将水加温，恒温在26～30℃，否则热带鱼就会被冷死（图7-14-1）。还有一个增氧泵也是日夜不停地运转着。我想，机器一直开着，会消耗很多电的，能有什么办法在维持水的温度和水中含氧量的同时，更节约用电？

图 7-14-1

 关于这个问题我的思考是：

思考一 我是否可以将加热器换成功率小一点的，达到节约电量的效果？

    我家的鱼缸用800瓦的加热器，如果换成500瓦或更小功率的加热器，水温则达不到热带鱼所需要的温度。我又在网上查找，希望能找到更节能、更环保的鱼缸加热器，但是未能如愿。所以通过减小功率达到节能的设想没法实现。

思考二 我是否可以在鱼缸外围加上保温罩，来省加热器开着的时间？

    通过实际操作，用布、旧棉衣来做保温罩，同时记录加热器的工作时间。经过观察发现，这个办法能缩短一些加热器的工作时间，但在加热停止时，由于增氧泵一直工作着，水温下降还是比较明显的。还有一个致命的缺点，就是我无法随时观赏到小鱼们优美的泳姿和漂亮的水草了。所以做保温罩的方法也不是理想的方法。

思考三 我是否可以加装一个自动控制开关，来缩短加热器和增压泵的工作时间？

    通过运用一个时控开关，将它和加热器、增氧泵的线路连接在一起。我们可以在时控开关上设置1天24组的开启和关闭时间。在时控开关开启时，加热器根据水温自动工作；增氧泵也开始工作。时控开关关闭时，加热器和增氧泵停止工作。根据观察增氧泵停止后水温的下降速度，设定时控开关开启时间和停止时间。这个方法还可以设置在白天和晚上不同的开关频率。在夏季不开加热器时，可用以控制增氧泵间歇式工作，能节约用电，同时又不让小鱼难受。

我的验证过程：

1. 针对思考三，我和爸爸准备了时控开关一个，接线端子若干个，电源线6根，螺丝刀2把（图7-14-2）。在爸爸的协助下，在总电源开关与提供加热器和增氧泵电源的插座之间，串联上时控开关，时控开关又接上主电源（图7-14-3）。按下总电源开关，插上加热器和增氧泵插头，设置工作时间，预设每小时准点启动，工作40分钟后，停止20分钟（图7-14-4）。观察了2个小时，发现停止时间还可以延迟，最后设置在工作30分钟，停止30分钟。看着小鱼儿在温暖的水中快乐地游着，我计算着，我们节约了百分之多少的电量呢？

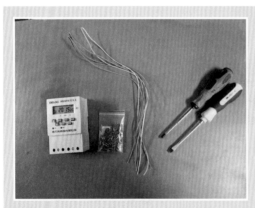

图 7-14-2

图 7-14-3

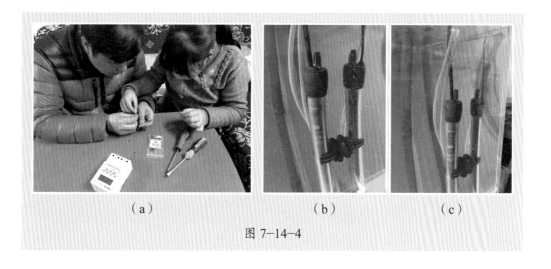

（a） （b） （c）

图 7-14-4

我的结论：

　　通过加时控开关，我们减少了加热器的工作时间，同时停止增氧泵的工作，减少了水的热量流失，相当于延长了水温从最高温度降到最低温度的时间。前期观察发现，加热器1小时实际加热时间约为50分钟（到最高温度后会停止加热），用时控开关控制后，实际工作时间为30分钟，增氧泵的工作时间减少了50%。所以，总计起来，我们节省了30%以上的电能。

2014级（4）班　李乐滢

15. 热是怎样传递的?

我怎么会想到这个问题的:

冬天,室外气温低,我们穿上厚厚的衣服就能保暖。夏天,室外气温高,我们穿着透气的纤维织物制作的衣服,就觉得凉快,还可以吃冷饮来降温。

我们运动一会儿,就会觉得热。而且运动越剧烈,我们越觉得热。但是休息一会儿,或者脱件衣服,就会觉得凉快。手冷的时候,我们用手握住盛热水的马克杯,能够明显感觉到马克杯很烫,我们的手过一会儿也暖和了。但是我们用手摸盛热水的保温杯,却发现保温杯的外面并不烫。

在这些现象里,热都发生了传递。那么热是怎样传递的呢?冬天那么冷,夏天那么热,能不能把夏天的热能储存起来留到冬天使用?

 ## 关于这个问题我的思考是:

思考一

热能是一种能源,它是通过热分子的运动来传递的。存在温度差的两个物体接触以后就会发生热传递,热能从温度高的物体传递到温度低的物体,直到两个物体的温度一样才停止热传递。

思考二

有些形式的能源可以转换成其他形式的能源。目前,热能可以转换成电能,火力发电厂就应用了这个原理。风能可以转换成电能,风力发电厂就应用了这个原理。机械能可以转换成电能,水力发电厂就应用了这个原理。原子能可以转换成电能与热能,核电厂就应用了这个原理。现在看来,把夏天的热能转换成电能储存起来留到冬天使用的可能性较高。

思考三

盛热水的马克杯外面很烫,但是盛热水的保温杯外面不烫。这是因为杯子材料和结构不同导致不同的热传递效果。

我的验证过程：

如图 7-15-1，温度计是应用热传递原理的一个典型物品。温度计可以测量空气、人体和其他物体的温度。当温度计指示的温度不再发生变化的时候，就完成了热传递。

如图 7-15-2，太阳能电池板和蓄电池可以将太阳的热能以电能的形式储存起来。太阳能电池板不仅可以在夏天工作，而且可以在一年的其他三个季节工作。因此，可以用太阳能电池板在夏天吸收太阳的热能，将它以电能的形式储存在蓄电池里留到冬天使用。

马克杯（图 7-15-3）是热的良导体，因此盛热水的马克杯外面很烫。保温杯虽然使用了塑料或者金属材料，但是它有两层（图 7-15-4），内层与热水直接接触，内层与外层之间没有空气或者只有很少空气传递热量，因此保温杯外面不烫。

图 7-15-1　家用温度计

图 7-15-2　首都机场的太阳能电池板

图 7-15-3　马克杯

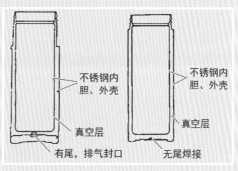

图 7-15-4　保温杯结构图

我的结论：

热是通过分子热运动来传递的。两个物体之间的热传递进行到它们的温度一样为止。

夏天太阳的热能可以通过太阳能电池板和蓄电池以电能的形式储存，留到冬天使用。

2016级（5）班 刘凯旋

16. 改变食品袋颜色是否可以改变水果的保藏效果？

我怎么会想到这个问题的：

我喜欢跟爸爸妈妈一起自由行，漫漫旅途中经常用食品袋装水果，这些袋子起着收纳、防潮、保鲜的作用。我偶然发现，世界各地的食品袋大部分都是无色透明的。同时发现，超市里的薯片、方便面和饼干等食品的包装袋是不透明的。

由此，我想到水果放在无色透明的食品袋里面，虽然隔绝了外界的空气，但光能透过袋子，对水果的影响依然存在。如果换一换袋子颜色，会不会有更好的效果？如果换成不透光的则看不清楚袋内水果，不如试试半透明的红、橙、黄、绿、青、蓝、紫颜色的袋子。

在新疆伊犁，水果又甜又香，种类繁多，用食品袋装水果时提出这个问题。在俄罗斯，那里的水果又少又贵，再次想到了这个问题。在国内路过水果店时，偶尔会想起这个问题。

关于这个问题我的思考是：

思考一

如果不同颜色的单色光对水果的生理过程没有影响，就不需要改变食品袋的颜色。

思考二

如果单色光对水果的生理过程有影响，就需要改变食品袋的颜色。

思考三

如果单色光对水果的生理过程有影响，那哪一种颜色的光最好？需要设计一个实验，通过实验结果确认答案。

思考四

如果单色光对水果的生理过程有影响，那不同颜色的光和光之间到底有什么区别？需要设计实验，通过实验结果确认答案。

我的验证过程：

首先要有不同颜色的食品袋才能做下一步实验，但是现在还没有这样的食品袋出售。因此，要设计一个替代实验：即以不同颜色的 LED 灯和透明塑料袋组合（图 7-16-1），模拟不同颜色的食品袋内部情况。

将小西红柿、山楂和金橘称重后，均匀分成三份，分别装到透明食物袋中。常温下分别置于三个纸箱内，纸箱上的照射光源分别为自然光、LED 蓝光和 LED 红光（图 7-16-2）。调节光源远近，使塑料袋内自然光、红光和蓝光的光照强度在 150 ~ 200 流明，照射时间为每天 12 小时。每隔 3 ~ 5 天取出样品，进行一次检测。

分析水果在不同光环境下的品质（好果率、可溶性固形物含量、总多酚含量）和生理（呼吸作用）变化。

数据表明，与自然光相比，蓝光处理的小西红柿好果率和总多酚含量更高，呼吸作用更低，可溶性固形物含量基本一致。

蓝光处理的山楂中可溶性固形物含量和总多酚含量更高，好果率与自然光相比没有显著差异。

与自然光处理相比，蓝光或红光处理可以降低金橘的呼吸作用，也可以显著增加金橘中的总多酚含量。但蓝光或红光处理的金橘中可溶性固形物含量均不如自然光处理。

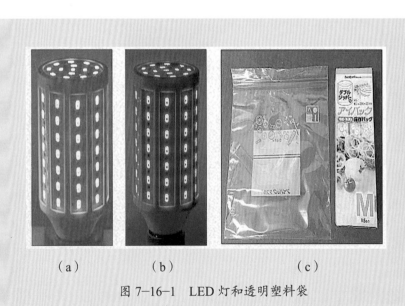

（a）　　　　（b）　　　　（c）

图 7-16-1　LED 灯和透明塑料袋

（a）

（b）

（c）

图 7-16-2 样品处理图

我的结论：

通过实验证实，照射不同颜色的光对水果品质和生理确实存在一定程度的影响。所以，食品袋应该具有一定的颜色。本实验中结果显示食品袋以蓝色为最佳。

2015级（4）班　唐　楠

17. 怎样去除玻璃瓶上商标贴纸留下的残留胶痕?

我怎么会想到这个问题的:

平时,我们经常会使用各种玻璃瓶罐装物品,很多人吃完或者用完后,想把瓶罐留下来继续使用,但是想去除玻璃瓶上的商标、贴纸时(图7-17-1)往往会发现,贴纸撕掉后会残留胶痕(图7-17-2),这种黏糊糊的胶痕很难清除

干净,既不美观,也会影响后期继续使用。

怎样能够去除这种残留的胶痕呢?我试过用水洗,甚至用热水清洗,都不能有效地把胶痕清除干净。到底用什么方法才能彻底地、有效地去除胶痕呢?

图 7-17-1

图 7-17-2

关于这个问题我的思考是：

思考一 是否可以用肥皂水或是洗洁精等洗涤剂类产品去除胶痕呢？

通常情况下，洗涤剂类产品都有高效的清除油垢、污垢的功能，用热水浸泡后，不知道是否能彻底清除残留的胶痕？

思考二 是否可以用有机溶解剂，例如汽油、酒精、风油精等，去除胶痕？

通常情况下，不能溶解于水的物质，可以溶解于有机溶液，常见的有机溶解剂有酒精、汽油、风油精等，是我们日常生活中经常使用的。可以试一试，看是否能溶解残留胶痕。

思考三 如果用溶解的方式都不能清除胶痕，那是否可以试一下用加热的方式整体剥离胶痕组织呢？

我的验证过程：

1. 首先，尝试使用洗涤剂清除胶痕。具体过程如下：

用面盆接好半盆温水，滴入几滴洗衣液或洗洁精，将有残留胶痕的玻璃瓶放入盆中浸泡（图 7-17-3）。10 分钟后，用擦布擦洗瓶身的胶痕，我们发现，浸泡后的胶痕有一部分可以被擦洗掉了，但是仍有不少残余不能被洗掉，擦干后，瓶身仍有黏手的感觉。实验证明：洗涤剂不能完全清除掉残留胶痕。

2. 第二步，我们尝试用有机溶解剂清除胶痕。具体过程如下：

用面盆接好半盆温水，滴入几滴酒精或汽油，将有残留胶痕的玻璃瓶放入盆中浸泡（图 7-17-4）。10 分钟后，用擦布擦洗瓶身的胶痕，我们发现，浸泡后的胶痕基本都被擦洗掉了。如果直接使用风油精擦拭，不用浸泡，直接滴几滴在有胶痕的部位，用擦布擦拭，即可清除胶痕。实验证明：有机溶解剂可以完全清除掉残留胶痕。

3. 第三步，我们尝试用加热的方式，整体剥离贴纸或商标。具体操作如下：打开电吹风，调至高温档位，将喷嘴对准带商标的玻璃瓶身，要对着标签部位加热（图 7-17-5）。由于不干胶是化学黏结剂，受到高温烘烤化学键断裂，就会减少甚至失去黏结力，所以标签会自动萎缩、脱落。这种方式不存在胶痕残留，非常实用。

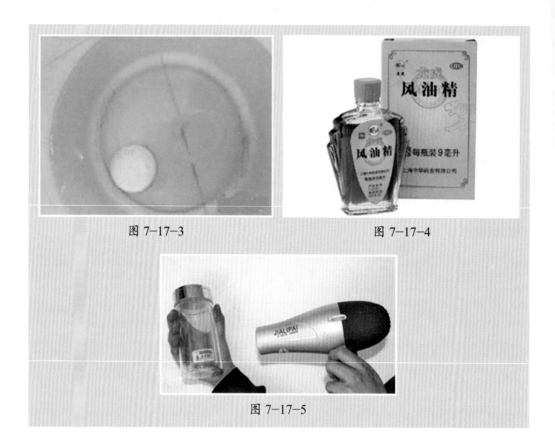

图 7-17-3　　　　　　　　　　图 7-17-4

图 7-17-5

我的结论：

通过以上 3 个实验，我们了解到：不干胶是化学黏结剂，它不溶于水和普通洗涤剂，但可以溶解于有机溶解剂，如酒精、汽油、风油精等。我们在日常生活中碰到的玻璃瓶身上残留胶痕的时候，可以使用上述的有机溶解剂来清洗。又因为是化学黏结剂，受到高温烘烤其化学基键会断裂，从而失去黏结力，所以我们也可以使用电吹风等加热设备，通过局部加热的方法，使标签干化脱落，从而避免了瓶身上有胶痕残留的可能。

2014级（4）班　唐佳玥

18. 气球遇到橙子会爆炸吗？

我怎么会想到这个**问题**的：

妈妈曾经给我讲过一个新闻，说是杭州有一位奶奶抱着孩子吃橙子时，橙子的汁液不小心溅到孩子手里拿的气球上，结果气球爆炸，气球皮飞进孩子喉咙，差点儿令孩子窒息，好可怕！网上还有一则新闻，四岁的男童拍打用于商业庆典的氢气球导致爆炸，男童和另一名两岁女童被烧伤。气球怎么会爆炸呢？和橙子有关系吗？是不是橙子蒂或指甲等尖锐的东西不小心碰到气球导致爆炸？或者是当时的气球质量有问题，剥橙子时碰巧爆炸？假设是橙子的原因，我们可以通过实验再次还原橙子遇到气球爆炸的场景吗？是橙子果肉中的成分引起气球爆炸，还是果皮中的物质引起爆炸呢？如果是和橙子性质差不多同属柑橘类的水果，比如橘子、柚子等会不会引起气球爆炸呢？

关于这个问题我的**思考**是：

思考一

假设是橙子果肉引起的爆炸，那我们可以将橙子的果肉中的汁水挤出来倒在气球上进行实验，也可以用超市买来的橙汁做实验。

思考二

假设是橙子皮汁引起的爆炸，那我们可以将橙子皮汁挤到气球上进行实验。

思考三

橘子皮汁、柚子皮汁也会引起气球爆炸吗？

我的验证过程：

实验一：为了验证是不是橙子果肉引起的气球爆炸，我们先剥开橙子，挤橙子果肉的汁水在气球上，气球没有变化。

实验二：如图 7-18-1，为了验证是不是橙子皮汁引起气球爆炸，我们将橙子皮剥下，将橙子皮汁对准气球挤，气球爆炸了！

实验三：橙子皮汁能引起气球爆炸，那橘子皮汁呢？家里有几个小小的砂糖橘，这次，就拿它们做实验吧！如图 7-18-2，我们挤橘子皮汁在气球上，气球起初没有变化，再多挤点汁在气球上，气球爆炸了！

实验四：柚子皮能引起气球爆炸吗？如图 7-18-3，我们挤柚子皮汁在气球上，气球瞬间爆炸了。

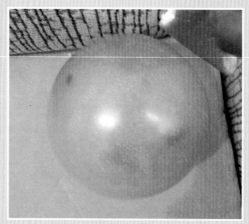

图 7-18-1　当橙子皮遇到气球

图 7-18-2　当橘子皮遇到气球

图 7-18-3　爆炸的气球

我的结论：

橘子、柚子、橙子果肉的汁液不会引起气球爆炸，而橘子、柚子、橙子皮汁会让气球爆炸。我又和妈妈一起到网上和图书中查找资料，寻找答案。终于找到了气球遇到橙子会爆炸的原因。

橙子、柚子、橘子等水果的表皮上布满了小疙瘩状的物体，这些就是它们的油脂腺，油脂腺能分泌出烯烃类有机物。而制作气球的橡胶大多是天然乳胶，它们性质差不多，很容易相互溶解。所以当把从橙子、柚子、橘子皮中挤出来的汁液滴到气球上，就会将气球的表面溶解，导致气球的表面受到破坏，相当于用针扎气球的表面，气球肯定会爆炸。

当柑橘类水果的果皮汁滴到气球上时，气球爆炸的快慢与汁液的多少、气球的厚度、气球的吹胀情况等都有关系。果汁越多，吹得越大、越薄的气球越容易爆炸（气球皮越薄，被溶解的速度越快）。

2018级（4）班　许嘉奕

第八部分

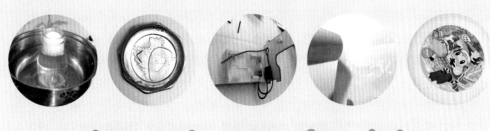

趣味现象篇

1. 怎样让鸡蛋从瓶子里完整地"吐"出来?

我怎么会想到这个问题的:

开学第一天,同学的爸爸给我们做了一个实验"气压的作用",很有趣。实验是这样的:先用蜡烛给一个空的玻璃瓶加热,然后把鸡蛋放在玻璃瓶口(玻璃瓶口比鸡蛋小),大约过了 10 分钟,鸡蛋掉入瓶中。大家都觉得非常神奇。后来叔叔说:这是由于蜡烛燃烧使瓶内空气压力减小,瓶外空气压力比瓶内空气压力大,形成压力差,这样就把鸡蛋压进玻璃瓶内。叔叔又问大家:有没有办法让鸡蛋从瓶子里再"吐"出来呢?大家都觉得只有把鸡蛋弄碎或者把瓶子砸掉才能办到,我将信将疑。

回家以后,我和爸爸妈妈就开始思考这个问题。既然是压力差把鸡蛋压进瓶子里,那么是不是也可以通过同样的办法将鸡蛋再挤出来呢?然后我们就开始想怎么让瓶内的空气压力大于瓶外的空气压力。

关于这个问题我的思考是:

思考一 瓶子倒置,将瓶口朝下、瓶底朝上,通过给瓶底加热形成气压差,将鸡蛋挤出来。

这个方法需要将瓶子倒置,这样鸡蛋就把瓶口密封住。将瓶子倒置并固定在支架上,下面放一个大盘子,用来接水和鸡蛋。取一块干毛巾盖住瓶子底部,然后往毛巾上浇开水,由于瓶内温度升高,瓶内气体压力增大,熟鸡蛋就会被推出瓶外,鸡蛋就被瓶子完好地"吐"了出来。

思考二 瓶里装满浓盐水,给瓶底加热,浓盐水受热膨胀把鸡蛋挤出来。

这个方法不需要将瓶子倒置。把瓶里装满浓盐水,浓盐水里面鸡蛋是浮起来的。为了把瓶子注满水,可以拿双筷子把鸡蛋按到水底再加水,加满水后放开筷子,鸡蛋就会自动钻到最上面,用筷子调一下鸡蛋的位置,让它更容易出来。然后加热,浓盐水受热膨胀就把鸡蛋撑出来了。

思考三 通过向瓶内充气形成气压差，将鸡蛋挤出来。

这个方法需要将瓶子倾斜，瓶口朝下，然后用充气筒向瓶内充气，这样瓶内压强增加，就会把鸡蛋挤出来。

 我的验证过程：

首先准备好三种要用到的实验材料，见图8-1-1。

其次，按照思考一、思考二和思考三的顺序，依次做实验进行验证，并记录每次实验时间，具体实验结果见表1。

表1 三次实验结果

实验方法	实验结果	思考是否得到验证	方法比较
思考一	5秒钟鸡蛋完整"吐"出	得到验证	最好
思考二	鸡蛋没有"吐"出	没有得到验证	不好
思考三	14秒钟鸡蛋"吐"出，有一点点破损	得到验证	较好

实验表明，通过将瓶子倒置，给瓶底加热开水的方法最好，仅用了5秒钟，鸡蛋就完整"吐"出，没有一点破损（图8-1-2）；将瓶口朝下倾斜，给瓶内充气的方法也不错，14秒钟鸡蛋就顺利"吐"出，但是有一点点破损，主要是充气筒插入瓶内充气时碰到了鸡蛋（图8-1-3）；通过给瓶内注满浓盐水，然后用开水加热的方法没有让瓶子把鸡蛋"吐"出来，可能的原因是盐水浓度不够，另外就是加热的方法不好，由于实验的瓶子不是烧杯，没有用火直接加热，而是将瓶子放入锅里的水中再放在火上加热（图8-1-4）。

图 8-1-1　实验材料

图 8-1-2　瓶子倒置，向瓶底浇开水，鸡蛋"吐"出

图 8-1-3　瓶内装满浓盐水加热，鸡蛋未"吐"出

图 8-1-4　向瓶内充气，鸡蛋"吐"出

我的结论：

　　通过实验证实，在保证瓶子和鸡蛋完整的前提下，是可以让鸡蛋从瓶子里再"吐"出来的。不同的方法，效果确实不同。本实验结果显示通过将瓶子倒置，向瓶底浇开水的方法最佳。

2018级（5）班　陈欣竹

2. 泡泡水有什么奥秘？

我怎么会想到这个问题的：

新年第一天，爸爸妈妈带我们去公园玩，公园里的很多小朋友在吹泡泡。有的人用电动的泡泡器，泡泡可以连续不断地飞出来；有的人用中间有个大孔的杆型泡泡器，轻轻一甩就可以飞出很大的泡泡；有的人虽然用的是方形的泡泡器，但吹出来的仍然是圆形的泡泡。泡泡在空中飞舞，阳光照在上面，映出七彩的光芒，非常漂亮。看到这些，我想起在科技馆时，我曾经用工具拉出大大的泡泡，把我自己都包裹住了。回到家里，妈妈用洗洁精也制作出了泡泡水，但是只用洗洁精和水制作出来的泡泡水吹出的泡泡很快就破裂了，也不容易吹出超大的泡泡。妈妈在网上查阅了制作泡泡水的攻略，在泡泡水里加了适量的胶水。改良后的泡泡水确实比原来的要好，可以吹出较大且保留时间较长的泡泡。于是，我想要了解泡泡水中的这些成分都是起什么作用的？为什么能产生泡泡呢？

关于这个问题我的思考是：

思考一 通常，泡泡水都是由洗洁精、洗衣粉、肥皂等洗涤剂制成的。事实上，在利用洗涤剂洗碗或洗衣服时，也会产生大量的泡泡。但如果只有清水，或换成其他的溶液，还会有泡泡产生吗？

通过查阅资料，我了解到泡泡是由于水的表面张力形成的。这种张力是物体受到拉力作用时，存在于其内部而垂直于两相邻部分接触面上的相互牵引力。水面的水分子间的相互吸引力比水分子与空气之间的吸引力强，这些水分子就像被黏在一起一样。但如果水分子之间过度黏合在一起，泡泡就不易形成了。所以用清水是很难吹出泡泡的。

洗涤剂"打破"了水的表面张力，它把表面张力降低到只有通常状况下的1/3，而这正是吹泡泡所需的最佳张力。肥皂水里有一层肥皂膜，利用管子把空气吹进去，这层膜就会像吹气球一样，一点儿一点儿地膨胀起来，形成了大小不同的泡泡。

思考二 在泡泡水的配方表中，甘油是主要成分。泡泡水吹出的泡泡比较持久，就是受甘油的影响。

由于水的蒸发很快，水蒸发时，泡泡表面一破，泡泡就消失了。因此，在泡泡溶液里必须加进一些物质，防止水的蒸发，这种具有收水性的物质叫作吸湿物。甘油是一种吸湿液体，它与水形成了一种较弱的化学黏合，从而减缓了水的蒸发速度。

思考三 肥皂水通常是无色的，这说明吹出的泡泡也应该是无色的，为什么肥皂泡会呈现出五颜六色呢？

光线穿过肥皂泡的薄膜时，薄膜的顶部和底部都会产生折射，肥皂薄膜最多可以包含大约150个不同的层次。我们看到的凌乱的颜色组合是由不平衡的薄膜层引起的。最厚的薄膜层反射红光，最薄的反射紫光，居中的反射太阳光的七种颜色。

思考四 大家知道，肥皂泡通常是圆形的，如果用方形孔的管子吹泡泡，能吹出方形泡泡吗？

通过查阅资料我知道，在同样体积的情况下，球体的表面积是最小的。对于肥皂泡而言，由于表面张力的存在，肥皂泡的薄膜会尽可能收缩到最小，直到里面的空气被压得不能再小为止。所以，肥皂泡都是滚圆滚圆的。

我的验证过程：

针对思考一，我分别取了清水、糖水、盐水、牛奶、洗洁精水进行验证（图8-2-1），结果发现前四种溶液都吹不出泡泡，只有洗洁精水可以吹出保留时间较长的泡泡（图8-2-2）。

针对思考二，虽然洗洁精水可以吹出泡泡，但泡泡停留的时间并不是很长，因为家里没有甘油，我用液体胶水代替甘油加入洗洁精水中，经过改进后的泡泡水吹出的泡泡更大，保留时间也更长（图8-2-3）。我进一步加入了可以充当增厚剂的糖，此时吹出的泡泡更大，且在灯光下呈现出的颜色也更加丰富多彩（图8-2-4）。

针对思考三，如果没有灯光照射，泡泡确实呈现无色。但在灯光的照射下，泡泡会变得五颜六色。而且不同的配方调出的泡泡水呈现出的颜色也会不同。比如加入糖之后的泡泡水会呈现出更鲜艳的色彩。

针对思考四，我先后用了不同形状的孔吹泡泡，结果吹出来的都是圆形（图8-2-5）。

图 8-2-1　实验用溶液

图 8-2-2　只有洗洁精溶液能吹出泡泡

图 8-2-3　加入液体胶水后的效果

图 8-2-4　加入液体胶水和糖后的效果

图 8-2-5　不同孔吹出的圆形的泡泡

我的结论：

经过实验后，我发现一般泡泡水中的洗涤剂是用来降低水的表面张力，从而更易于泡泡的产生；为了使泡泡更加持久，需要加入吸湿物甘油或者液体胶水。泡泡本身是无色的，但形成泡泡的薄膜会反射和折射光线，从而使泡泡呈现出五颜六色来。不论用什么形状的孔，吹出来的泡泡都是圆形的。

2017级（5）班　胡博轩

3. 在水中用玻璃杯盖住硬币可以使硬币不被发现，是真的吗？

我怎么会想到这个问题的：

我喜欢看的一部动画片叫《名侦探柯南》，其中第 840 集《沉入盛夏泳池之谜》讲到有人在泳池中被杀了，尸体一直在泳池中，但是前期警察和酒店工作人员并未发现尸体，10 分钟后因为听到奇怪的声音跑去泳池看，才发现了尸体。最后解答出来的原因是之前用玻璃槽盖住了尸体，大家才看不到的，因为光线的全反射的作用。在水中用玻璃水槽盖住物体真的看不见吗？

 关于这个问题我的思考是：

思考一

什么是光线的反射和折射？光的折射与光的反射都是光学现象，由于光在两种不同的物质里传播速度不同，故在两种介质的交界处传播方向会发生变化。如图 8-3-1，在分界面上改变传播方向又返回原来物质中的现象叫反射，即反射光线与入射光线、法线在同一平面上，"三线共面，两线分居，两角相等"。在分界面上透过分界面发生偏折的现象叫作折射，即反射光线和入射光线分居在法线的两侧。

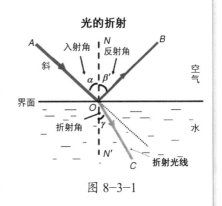

光的折射

图 8-3-1

思考二

什么是光的全反射？光的全反射就是一束光照射到两种介质的交界面时，不发生折射，光全部反射回来的现象，即折射角大于等于 90 度。也可以这样理解全反射的过程：在发生全反射时光波场进入第二介质的一层薄膜内，沿着界面传播一段距离后再返回到第一介质中。光由第一介质进入第二介质的能量入口处和返回能量出口处，相隔约半个波长。

思考三

在实际生活中有哪些应用呢？光纤通信利用的就是全反射的原理。光纤在结构上有中心和外皮两种不同介质，光从中心传播时遇到光纤弯曲处，会发生全反射现象，而保证光线不会泄漏到光纤外。光在均匀透明的，即使是弯曲的玻璃棒的光滑内壁上，借助于接连不断地全反射，可以从一端传导到另一端。自行车的尾灯就是由互成直角的一些小平面镜组成的，由于光的反射会把车子、霓虹、路灯等光源发出光反射到司机，使司机能看到前面骑自行车的人，从而避免交通事故。

我的验证过程：

接满一盆水，往里面放一个硬币（图8-3-2）。

用一个玻璃杯，垂直扣入水里，盖在硬币上，确保里面的空气不泄露出来，用手压住杯子，在杯子最上方可以看到硬币（图8-3-3）。

然后，又从斜侧方看杯子，发现硬币消失了（图8-3-4）。

图8-3-2

图8-3-3

图8-3-4

我的结论：

水跟空气都是透明的，但是对光的折射率却不一样。当光线从折射率大的水中行进到折射率小的空气中时，如果在侧斜上方看过去，光线就还会被全部反射回来，玻璃杯就像镜子一样，这就是光的全反射。如果从杯子的正上方看过去，可以看见硬币。光从光密介质射到光疏介质和入射角等于或大于临界角，这两个条件必须同时满足才能产生光的全反射，也就是说才能完全看不见硬币。

2017级（5）班　蒋敬煊

4. 小小硬币能盛水，什么样的硬币盛得水最多呢？

我怎么会想到这个问题的：

有一次我发现一枚一元的硬币上有一滴水，却没有滑落下去。我想水的流动性这么强，为什么还在硬币上不流下去呢？我就试着又往硬币上加了一滴水，仍没有滑落。因为好奇，我又继续加了一滴水，还是没有滑落……我想滴了 10 滴水，硬币上的水已经鼓起来了，肯定会流出硬币吧。但出乎我的意料，水还在硬币上。我想硬币难道被施了魔法，可以无限地将水滴吸在它的上面？我就继续滴水，滴到第 30 滴，硬币上的水流

出来了。我想这枚硬币这么奇妙，其他的硬币会怎么样呢？于是拿出另一枚一元的硬币，也是同样。我又拿出一枚五角的硬币、一枚一角的硬币试试，也能盛水！太神奇了吧，是硬币都被施了魔法还是因为其他我不知道的科学原理？我想后者的可能性更大吧。那么是什么样的科学原理？硬币盛水的多少又与哪些因素有关？什么样的硬币盛得水最多呢？这些问题在我脑海里一个接一个出现。

关于这个问题我的思考是：

思考一 硬币盛水的多少与硬币的面积大小有关，与硬币的形状有关。

（1）硬币的大小：我想水是盛在硬币上的，当然硬币越大越能盛水。我发现一元硬币、五角硬币、一角硬币、五分硬币、一分硬币等硬币的面积大小都不一样，都可以用来做实验。

（2）硬币的形状：水既然是吸附到硬币上，那圆形的硬币可以吸附，其他形状（如正八边形）硬币一样可以吸附水。中国的硬币都是圆形的，我找来了一枚黎巴嫩的五十分的硬币，它是正八边形的。圆形和正八边形的硬币，我都在后面的实验里用到。

思考二 硬币盛水的多少与硬币有无边有关，与硬币的材质、浮雕图案有关。

（1）硬币有无边：我想硬币有边，水就不容易溢出。因为硬币的边能挡住水，使硬币能盛更多的水。我想硬币的边在硬币盛水的过程中应该起到很大的作用。我观察到中国的所有硬币都是有圆形的边，且浮雕图案不离边太近，也不与边相连接，这样就显得边都是有点突出的。在国外的圆形硬币中，我发现哥伦比亚的五十分的硬币几乎没有边，且与所罗门十分的硬币一样大小。我后面要用它们来做对比实验。

（2）硬币的材质：中国不同硬币的材质各不一样，后面我会用不同材质的硬币来做盛水实验。

（3）硬币的浮雕图案：我想不同浮雕图案的硬币的盛水情况可能不一样吧。

思考三 硬币盛水的多少与水的种类有关。

硬币所盛水的种类：盐水和纯净水，是两种我很容易找到用来做实验的水。我将两个容器中各盛入同样多的水，再在一个容器中加入了食盐并搅拌。这样一个容器中就是盐水，另一个容器中就是纯净水。我知道盐水和纯净水的密度是不一样的，我曾听说过人在死海中游泳会漂浮起来的故事。我想不同密度的水的流动性可能也不一样。流动得更快的水应该更容易溢出硬币。

我的验证过程：

我找来了不同的硬币、纯净水、干净的滴管和盐（图8-4-1）。我分别做了思考一中的两个实验，思考二中的三个实验和思考三中的一个实验，共六个实验，六个实验过程如下。

思考一/实验1：硬币盛水的多少与硬币的面积大小有关。

我用一枚一元的硬币和一枚一角的硬币进行实验，一元硬币直径为25毫米，一角硬币直径为19毫米。将它们摆放在平稳的桌子上，用空滴管吸水滴在两枚硬币的表面上。一元硬币盛水29滴，一角硬币盛水15滴。实验结果见图8-4-2。

实验结果表明，硬币的面积越大，盛水越多；面积越小，盛水越少。思考一（1）成立。

思考一/实验2：硬币盛水的多少与硬币的形状有关。

我用一枚中国一角的硬币和一枚黎巴嫩的五十分的硬币进行实验，两枚硬币直径都为19毫米，一样大。但两枚硬币形状不同，中国的一角硬币形状为圆形，黎巴嫩的五十分的硬币为正八边形。将它们摆放在平稳的桌子上，用空滴管吸水滴在两枚硬币的表面上。中国一角硬币盛水 15 滴，黎巴嫩的五十分的正八边形硬币盛水 12 滴，实验结果见图 8-4-3。

实验结果表明，圆形硬币盛水更多，正八边形硬币盛水更少。思考一（2）成立。

我观察到正八边形硬币角，水是不容易流入的。即正八边形硬币上的水的形状还是圆形。因此，与圆形硬币同样大小的其他形状硬币，其盛的水要比圆形硬币少。

思考二 / 实验 1：硬币盛水的多少与硬币有无边有关。

在国外的圆形硬币中，我发现哥伦比亚的五十分的硬币几乎没有边，且与所罗门十分的硬币一样大小，两枚硬币的直径都为 16 毫米。我用它们来做对比实验。将它们摆放在平稳的桌子上，用空滴管吸水滴在两枚硬币的表面上。两枚硬币盛水都是 12 滴，实验结果见图8-4-4。

实验结果表明，硬币盛水的多少与硬币是否有边无关，思考二（1）不成立。

思考二 / 实验 2：硬币盛水的多少与硬币的材质有关。

中国 2011 年的一角硬币是不锈钢材质，直径为 19 毫米；2002 年的一角硬币是铝合金材质，直径为 19 毫米。我用这两枚硬币来做比较实验。将它们摆放在平稳的桌子上，用空滴管吸水滴在两枚硬币的表面上。两枚不同材质的中国一角硬币盛水都是 15 滴，实验结果见图

8-4-5。

实验结果表明，硬币盛水的多少与硬币的材质无关，思考二（2）不成立。

思考二 / 实验 3：硬币盛水的多少与硬币浮雕图案有关。

中国一元硬币的正反面的浮雕图案不同，我就用两枚一元硬币来做对比实验。将两枚一元硬币一正一反放在平稳的桌子上，用空滴管吸水滴在两枚硬币的表面上。两枚硬币盛水都是 29 滴。实验结果见图 8-4-6。

实验结果表明，硬币盛水的多少与硬币的浮雕无关。思考二（3）不成立。

思考三 / 实验 1：硬币盛水的多少与水的种类。

我将两个容器中各盛入同样多的水，再在一个容器中加入食盐并搅拌。这样一个容器中是盐水，另一个容器中就是纯净水。我用两枚一元硬币来做比较实验。将它们摆放在平稳的桌子上，用空滴管吸取纯净水滴入左边硬币的表面上，滴了 29 滴。我又将滴管洗净，吸入盐水滴在右边的一元硬币上，滴了 28 滴，实验结果见图8-4-7。

实验结果表明，硬币盛水的多少与水成分有关。思考三（1）成立。

滴入盐水时，我发现水流动得快一些，我想这可能与盐水密度大有关。盐水密度大，流速较纯净水更快，水的张力更小一点，盛的水就更少一点。

（a）

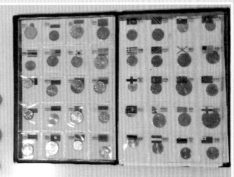
（b）

图 8-4-1 不同的硬币和干净的滴管

图 8-4-2 一元硬币和一角硬币盛水情况比较

图 8-4-3 中国一角圆形硬币和黎巴嫩五十分正八边形硬币盛水情况比较

（a）

（b）

图 8-4-4 哥伦比亚五十分硬币（a）与所罗门十分硬币（b）盛水情况比较

图 8-4-5 中国 2011 不锈钢材质和 2002 铝合金材质一角的硬币盛水情况比较

图 8-4-6 不同浮雕的一元硬币正反面盛水情况比较

图 8-4-7 硬币盛水情况比较（左边是纯净水，右边是盐水）

我的结论：

（1）硬币盛水的多少与硬币的面积大小有关，与硬币的形状有关。

（2）通过这次实验可以看出硬币盛水的多少与硬币有无边无关，与硬币的材质、浮雕图案无关。

（3）硬币盛水的多少与水的种类有关。

2016级（2）班　刘梓蘅

5. 摩擦力是怎样的一种力？

我怎么会想到这个问题的：

一天，妈妈骑电动车带我去跆拳道馆，在要经过红绿灯路口的时候，妈妈刹闸减速，可是电动车并没有像预期的那样减慢速度，妈妈哎哟一声说：车闸不好用了，减速太慢。然后妈妈再次刹闸，并用双脚辅助摩擦地面，总算让车速缓缓降下来了，等绿灯亮了，再过马路。在电动车停下来时，我问妈妈，为什么你用车闸不能有效减速时，可以用脚来帮助减速呀？妈妈回答我说：因为电动车的闸皮松了，所以闸皮和电动车刹车片之间的摩擦力变小了，妈妈用双脚摩擦地面是希望可以用双脚和地面的

摩擦，来使电动车减速。我听了似懂非懂，然后心想，摩擦力真神奇呀，可以帮电动车减速，如果摩擦力足够大的话，减速会快些；如果摩擦力不足，减速就会很慢，怎么样才能巧用摩擦力呢？

在练完跆拳道，回到家后，通过查阅资料，我知道了，阻碍物体相对运动（或相对运动趋势）的力叫作摩擦力。摩擦分为静摩擦、滚动摩擦、滑动摩擦三种。一个物体在另一个物体表面发生滑动时，接触面间产生阻碍它们相对运动的摩擦，称为滑动摩擦。

 ## 关于这个问题我的思考是：

思考一 摩擦力是越大越好吗？通过查阅资料，摩擦力不是越大越好，应该增大有益摩擦，减少有害摩擦。因为有益摩擦越大，产生的效果越好，而有害摩擦越小，产生的坏处就越小。

思考二 如何增大有益摩擦？通过查阅资料，要想增大有益摩擦，可以使用以下方法：
1. 增大压力；2. 增大接触面的粗糙程度等。

思考三 如何减小有害摩擦？通过查阅资料，方法有以下几种：

1. 减小压力；2. 使物体与接触面间光滑；3. 使物体与接触面分离；4. 变滑动为滚动等。

我的验证过程：

1. 准备实验材料：

两本 A4 大小、厚度差不多的书，两根麻绳，一个塑料水瓶，一块磨砂纸，一块大垫子。

2. 实验过程：

实验一：

1. 两本书相对放在桌子上，然后将两本书打开来，相对交叉叠放（图 8-5-1）。

2. 用一根麻绳穿过两本书中间（图 8-5-2）。

3. 在塑料瓶里装 10 ~ 20 毫升水，盖上盖子。把刚才穿到书中间的麻绳打一个结再把瓶子绑在绳子上，拿起书，让瓶子挂在麻绳上（图 8-5-3）。

4. 再在交叠后的两本书的另一端也穿一个麻绳，然后用两只手提起这根绳子，看书是否掉下来（图 8-5-4），结果两本书都没有掉下来，稳稳地被提起来了（图 8-5-5）。

5. 接下来，把塑料瓶中的水从 10 毫升逐渐加到 100 毫升，在瓶子里面的水加到 100 毫升后，一提绳子，下面的那本书就慢慢地掉下来了（图 8-5-6）。

6. 妈妈提示我，书本掉下来，是因为塑料瓶太重了，书本的摩擦力承受不住了，想想怎么增加摩擦力？于是我又重新把两本书相互交叠，这次两本书交叠的部分更多了，一本书的书边交叠到了另一本的书缝里（图 8-5-7），再次提起，书被稳稳地提起来了（图 8-5-8）。

7. 通过这个实验，我明白了，交叠在一起的两本书，当提起绳子后没有掉下来，是因为有摩擦力。两本书交叠的部分越多，摩擦力越大。

实验二：

1. 把垫子放在书桌上，把大小相等的两本书放在垫子下，这样垫子与桌面之间形成一个坡度（图 8-5-9）。

2. 把装了半瓶水的塑料瓶，放在垫子上，然后放手，塑料瓶很快就滚下去了（图 8-5-10）。

3. 把橡皮筋绑在塑料瓶上，再滚动，发现速度变慢了一些（图 8-5-11）。

4. 再依次把麻绳、磨砂纸、毛巾绑在塑料瓶上滚动，发现塑料瓶的滚动速度越来越慢（图 8-5-12）。

5. 把塑料瓶再次盛满水，比较半瓶水和一瓶水时，塑料瓶从大垫板的斜坡上滚动的速度，我发现，一整瓶水的滚动速度比半瓶水的滚动速度稍微慢了一些，这是因为压力增加，摩擦力增大的缘故。

6. 通过以上实验，可以得出，麻绳、橡皮筋、毛巾、磨砂纸四种不同的事物，绑绕到塑料瓶上都可以通过把塑料瓶变得凹凸不平以增加阻力，来减缓下降的速度。按照阻力从小到大排列，依次为橡皮筋、麻绳、磨砂纸、毛巾。以上的操作都是通过增大接触面的粗糙程度增大了摩擦力。

图 8-5-1

图 8-5-2

图 8-5-3

图 8-5-4

图 8-5-5

图 8-5-6

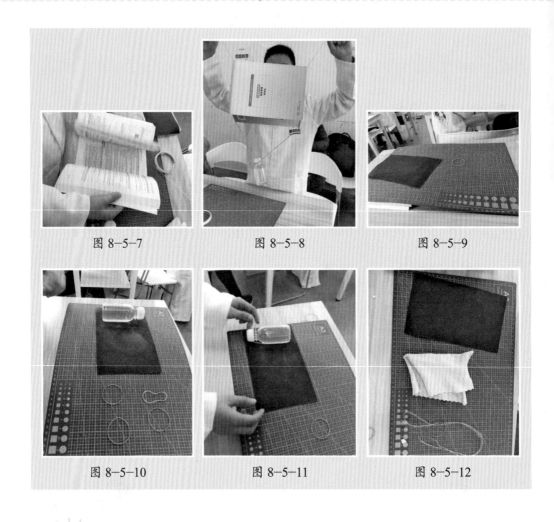

图 8-5-7　　　　　　　图 8-5-8　　　　　　　图 8-5-9

图 8-5-10　　　　　　　图 8-5-11　　　　　　　图 8-5-12

我的结论：

　　摩擦是日常生活中非常常见的现象，我们应该增大有益摩擦，而减少有害摩擦。利用学到的知识，在生活中巧用摩擦力。让摩擦力使我们的生活更加方便和美好。

2016级（3）班　张涵宇

6. 为什么紫外光能验钞？

我怎么会想到这个问题的：

人民币是我们常用的纸质货币，虽然现在很多人习惯用手机支付，但是像姥姥、姥爷这样上了年纪的人在买菜的时候，还是习惯用现金支付。有一次，姥姥买菜回来，说自己收到一张假币，很懊恼。我当时就想如果能辨认出来假币，就可以避免损失了。

怎么辨认人民币的真伪呢？姥姥和妈妈教了我很多办法，比如抖一抖钱听声音，摸一摸纸币上的斑点感觉凹凸，对着阳光照数字水印观察颜色变化……但这些方法掌握起来有点难。

有一次去实验室，我发现有个无菌操作台，妈妈在台面上放了一张一百元的纸币，她说要给钱杀杀菌，拉下挡风板，打开紫外灯，正对着钱的人像面。神奇的一幕出现了，图案上竟然出现了一个特别清晰的黄色"100"（图8-6-1），我又试着放了其他纸币，也出现了类似的情形，这是为什么呢？如果给姥姥随身带着这根灯管，就能快速、明显地观察纸币上的特殊标记，检验纸币的真伪了。妈妈告诉我，这根灯管叫"紫外灯"，发出的光线叫"紫外线"。

为什么紫外线能辨别纸币的真伪？

（a）　　　　　　（b）

图8-6-1　在日光灯下（a）和紫外灯下（b）看到的百元纸币上的图案

关于这个问题我的思考是：

思考一 钱币上出现的图案与光线有关。

通过上网学习，我知道了紫外线指的是电磁波谱中波长从10～400纳米辐射的总称，位于光谱中紫色光之外，是不可见光。

百元纸币在紫外灯的照射下出现的黄色"100"，在太阳光下并没有出现，在别的光线照射下会不会出现呢？妈妈给我看了很多不同颜色的二极管，我尝试用其他颜色小灯照射同样的区域，结果没有出现该图案，说明该图案的出现与紫外线有关。

思考二 钱币上出现的图案与"特殊"颜料有关。

百元纸币以白色和粉色为主，为什么会出现黄色的"100"呢？这个图案是用什么涂上去的？我向美术老师请教颜料的种类。原来颜料的种类特别多，除了常用的水溶性颜料，还有丙烯等防水颜料，甚至还有荧光颜料（图8-6-2）。听到这里我又有了发现，去淘宝上搜索各种颜料，有一种叫"隐形荧光颜料"，据卖家说它具有荧光特性，把这种颜料一层一层地涂在纸上，在可见光下并不明显，但是在紫外灯的照射下就能被激发出荧光，特别明显。我让妈妈帮忙，买来试试。

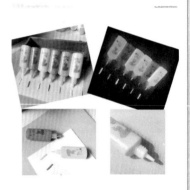

图8-6-2 各种颜料（来自淘宝卖家）

思考三 纸币上出现的图案是特殊颜料和特殊光线共同作用的结果。

综合以上的尝试，我认为纸币上出现图案的原因是紫外线碰上隐形紫外荧光颜料，在太阳光下看不到，但在紫外线的激发下产生荧光，使肉眼可见。

我的验证过程：

为了验证我的猜测，我进行了以下尝试：

1. 在一张白纸上从左至右依次用黄色的彩铅、荧光笔、水彩笔、荧光颜料写一个"沈"字（图8-6-3）。

2. 用日光灯和紫外灯先后照射这四

个"沈"字，佩戴防护眼镜观察（图8-6-4）。

日光灯下，彩铅、荧光笔、水彩笔书写的文字清晰可见（铅笔笔迹较浅，但肉眼可见），隐形颜料书写的文字肉眼不可见。

紫外灯下，荧光笔、水彩笔书写的文字有较强的荧光效果，彩铅书写的文字肉眼可见，但是没有荧光效果，而隐形颜料书写的文字明显显现出来，略有荧光效果（只涂了一层）。

通过比较，我发现用隐形荧光颜料书写的文字在紫外灯下呈现的效果与百元纸币上那个黄色的"100"效果相似。隐形荧光颜料紫外线激发而产生了人眼可见的荧光。应用于纸币，用类似于隐形荧光颜料（紫外荧光颜料）的物质在纸币上制作了一个标记，日光下看不出，但紫外线可激发其产生人眼可见的荧光。

3. 我将自己的发现变成一个作品，把一个能发出紫外线的二极管连接到电路中，制成一台小型紫外灯检验仪器（验钞机），检验各种隐形荧光颜料绘制的图案（图8-6-5）。

图8-6-3　用黄色的彩铅、荧光笔、水彩笔、荧光颜料分别写"沈"字

（a）日光灯下

（b）紫外灯下

图8-6-4　观察四种颜料书写的文字

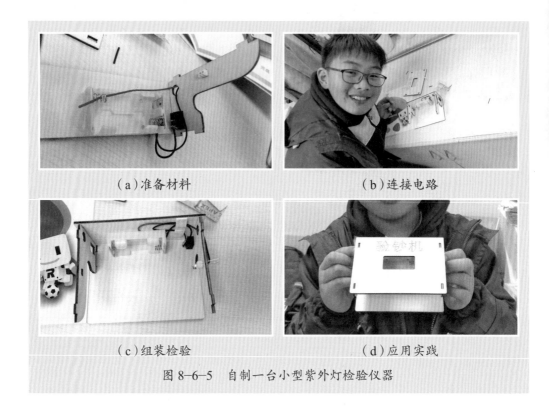

（a）准备材料　　　　　　　　（b）连接电路

（c）组装检验　　　　　　　　（d）应用实践

图 8-6-5　自制一台小型紫外灯检验仪器

我的结论：

紫外线能验钞的原因是：纸币上有类似于隐形紫外荧光颜料（隐形紫外荧光油墨）制作的防伪标记，该标记在日光下不易被察觉，而在紫外线下被激发出人眼可见的荧光，人们就可以通过目测来辨别纸币的真伪。

2015级（1）班　沈羿铮

7. 春晚上会跳舞的机器人能像人类一样思考、玩耍吗？

我怎么会想到这个问题的：

2019年央视春晚，6台机器人与数百名人类舞者同台表演，机器人与歌手、舞台、人类伴舞完美融合，成为一道独特的风景（图8-7-1）。这些机器人优美灵活的舞蹈吸引了我。我问爸爸：这些机器人里面是有一个真正的人在跳舞吗？如果没有真人在控制，那它们是怎么做到和真人舞者完美配合的呢？爸爸告诉我，这都是人工智能机器人，是完全受电脑程序控制的，它们可以和人类对话、感知外界变化，并做出相应处理。

然后，爸爸又在网上给我找到了美国波士顿动力公司的Atlas机器人的视频。Atlas机器人能够完成走路、跑步、跳跃、开门、上下楼梯、后空翻等高难度动作，动作一气呵成，非常炫酷，甚至比人类完成的更加优秀（图8-7-2）。

我问爸爸，这些智能机器人是怎么做成的呢？它们真的能像人类一样思考吗？那些设计这些智能机器人的工程师真是太厉害了。爸爸让我自己先思考了一下，然后和我一起查找了相关资料。

图 8-7-1

图 8-7-2

关于这个问题我的**思考**是：

思考一 人类大脑是由很多神经元相互连接在一起组成的复杂网络结构，那么这些智能机器人是不是也可以通过模仿人类大脑的方式来进行控制呢？

通过查阅资料，我知道了确实存在人工神经网络这门学科，专门研究通过模拟人类大脑的神经网络结构，来实现复杂的人工智能算法。比如机器人可以和我们人类对话，还有的机器人能够识别周围环境中的不同物体，这些都是通过复杂的人工神经网络算法来完成的。

思考二 我们人类刚刚出生时就像一张白纸，之后在成长的过程中要不断地进行学习，才能不断掌握新的技能。那么这些智能机器人，是不是也要通过不断地学习来掌握新的技能？

按照这种假设，如果一个智能机器人没有经过学习训练，那么它就会像一个刚出生的婴儿一样，很多复杂的技能是不具备的。就像我们人类要上学一样，机器人也需要不断地进行学习训练，来掌握各种复杂的技能。

思考三 对于我们设计的模拟人类大脑的人工神经网络结构，是不是这个网络结构越复杂，它就越能够更好地完成复杂的任务呢？

我们人类的大脑是由很多的神经元组成的非常复杂的网络结构，所以我们人类能够掌握非常复杂的技能，创造出灿烂辉煌的文明。那么我们设计出来的人工神经网络，如果只是由很少的神经元节点组成的简单网络结构，那么它是不是就只能实现非常简单的功能呢？

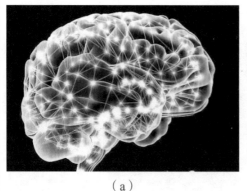

（a）

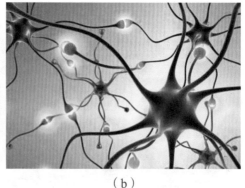

（b）

图 8-7-3

我的验证过程：

1. 针对思考一，我首先查阅了关于人类大脑结构的相关文献。

神经元，即神经细胞，是神经系统最基本的结构和功能单位，具有联络和整合输入信息并传出信息的作用。而人类大脑是由很多很多神经元相互连接组成的复杂网络结构。每一个神经元的功能可以概括为从很多相邻神经元节点接收输入信息，经过一定处理之后，产生输出信息（图8-7-3）。

我还查阅了有关人工神经网络的文献，发现这里面正是通过下面的模型（图8-7-4）很好地模拟了神经元的功能：接收输入信号，经过处理，产生输出信号。

将很多神经元连接在一起，就可以模拟人类大脑的运行。图8-7-5就是一个简单的人工神经网络模型，其中每一个圆圈都代表着一个神经元。这个模型当中，存在着很多的参数（w，b），这些参数决定了每一个神经元不同的功能。

2. 针对思考二，这些人工智能的网络模型是否需要经过学习训练，才能完成某些特定的功能呢？回答是肯定的。正如思考一中看到的，每一个神经元模型都有一些参数需要确定，而这些参数就是通过学习训练的过程确定下来的。我在爸爸的帮助下，尝试训练一个人工神经网络模型，使它能够完成识别手写阿拉伯数字的功能。具体过程如下：

首先从网上下载用于训练模型的样本数据，如图8-7-6所示。这是已经收集好的很多手写数字图片，这些手写数字图片已经预先进行了标注，注明了它所代表的实际数字。

然后，通过计算机编程建立一个简单的人工神经网络模型（图8-7-7）。在这个模型当中，我们采用了非常简单的网络结构，只有两层神经元。通过预先编制好的训练算法对模型进行训练，我们就可以得到一个具有手写数字识别功能的模型。

经实际测试，用该模型进行手写数字的识别，正确率可以达到37%，也就是说每100个数字当中，能够正确识别的有37个。这貌似不是一个很好的结果，因为正确识别率太低了。不过当然比随机猜测会好一些，随机猜测的正确率只有10%。不管怎样，我们的人工神经网络模型具有了初步的智能，尽管正确率不高。

3. 针对思考三，是否复杂的人工神经网络模型能够更好地完成相同的工作呢？答案应该是肯定的。具体验证过程如下：

我们设计了一个相比图8-7-7中更复杂一些的网络结构（图8-7-8），在该模型中，我们采用了三层神经元模型（思考二中只有两层）。用这个模型进行手写数字识别，我们期望能够得到更高的识别正确率。

采用上述三层模型，利用相同的训练数据进行训练，我们同样得到了一个新的人工神经网络模型。用这个新的三层模型进行测试，我们发现，我们的手写数字识别正确率达到了 90%。每 100 个手写数字中，有 90 个识别正确，这是一个相当不错的结果。

可以想象，如果我们进一步增加神经网络模型的复杂度，比如五层，我们应该可以得到大于 99% 的正确识别率，这甚至比人眼的正确识别率还要高。

这里手写数字识别只是一个例子，我们采用不同的数据训练，神经网络模型就可以实现不同的功能，比如语音识别、周边环境识别等。而这些，都是实现智能机器人的基础。

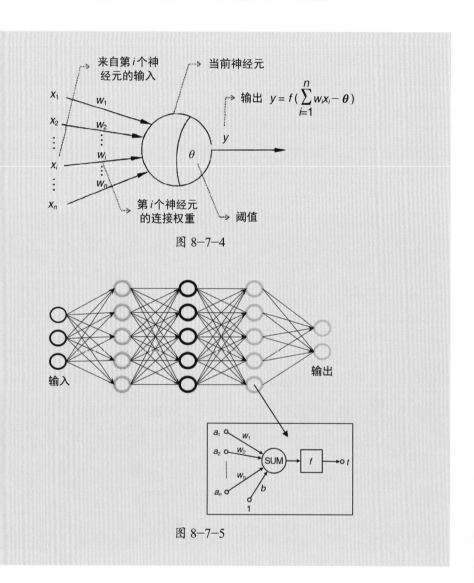

图 8-7-4

图 8-7-5

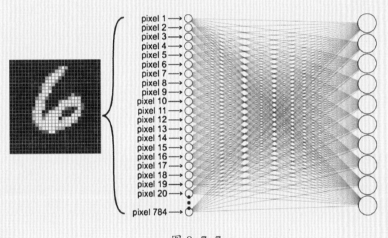

图 8-7-6

图 8-7-7

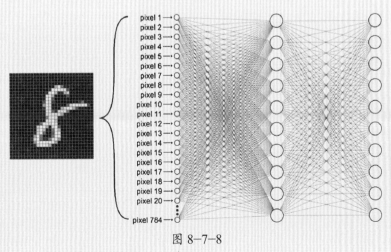

图 8-7-8

我的结论：

　　智能机器人的实现是通过复杂的电脑软件来控制的，这些软件可以通过模拟人脑的神经网络结构来实现各种智能的功能。智能机器人和我们人类一样，也要通过学习、训练来不断获得新的技能。只要我们的人工神经网络足够复杂，我们的智能机器人就能学会越来越复杂的技能。

　　人类的未来社会将进入人工智能时代，我们新时代的小学生一定要努力学习新的本领，把我们人类的生活建设得更加美好。

2015级（1）班　王星沅

8. 什么样的水可以使鸡蛋浮起来?

我怎么会想到这个问题的:

有一个周末的早上,吃完饭后,我把吃不下的白煮蛋放进了厨房的一个盆里,当时盆中有水,然后我看见鸡蛋很快沉到了盆底。当时我很好奇,心想不知道生鸡蛋会不会也沉下去。夏天的时候我和爸爸、妈妈去大连旅游。有一天早上我们去海边玩,跑着跑着我口袋里的白煮蛋掉进了海水,然后我蹲下来捡鸡蛋的时候发现鸡蛋可以浮起来。于是我想通过实验找到这个问题的答案。

 关于这个问题我的思考是:

思考一 和鸡蛋与水的密度差别有关。可以加盐来增加水的密度,当水的密度小于鸡蛋的密度时,鸡蛋会沉下去。当继续加盐让盐水的密度大于鸡蛋的密度时,鸡蛋就可以浮起来。

 我的验证过程:

图 8-8-1 准备材料(清水、鸡蛋、盐)

图 8-8-2 清水中放入鸡蛋

117

图 8-8-3 观察现象（鸡蛋沉入杯底）

图 8-8-4 放入盐

图 8-8-5 边放盐边搅拌，并观察变化

图 8-8-6 盐还不够继续放

图 8-8-7 有点浮起来咯

图 8-8-8 大功告成

我的结论：

开始时，熟鸡蛋的密度大于水的密度，因此鸡蛋沉在杯底。在水中加入盐后，水的密度变大，当熟鸡蛋的密度小于水的密度时，鸡蛋就浮起来啦！所以浮不浮得起来是要看密度差！

2018级（1）班　柏翎

9. 为什么纸张遇到"雨水"后会"变皱",而遇到"生煎汤油"后则不会?

我怎么会想到这个问题的:

有一次下大雨,虽然我的书包有防水功能,但是由于雨太大了,雨水就顺着接缝渗进了书包,里面的练习本都沾到了水。我把湿透的练习本拿出来晾干,等干透后我发现练习本都变得皱巴巴了,所有沾过水的页面都是皱的。

还有一次是吃早饭的时候,外婆买了我爱吃的生煎。生煎是新鲜出炉的,可能是由于太饿了,我吃得有点急,没有小口抿,而是一大口地咬了下去。只觉得一股汤水从嘴角喷了出去,我赶忙低头检查"事故现场"。只见餐桌上的报纸早已被生煎包的汤水淋了个透,我不好意思地看了看爸爸,这份报纸他还没读呢!我赶紧做了简单清理。

当时由于着急上学,也没怎么细想。不过等我放学回家做作业的时候,看到被雨水弄皱的练习本,再对比餐桌上的报纸。我发现报纸上除了有"油迹",并没有像练习本那样显得皱巴巴的。

为什么纸遇水会皱,遇油却不会呢?

关于这个问题我的思考是:

思考一

因为水可以"吃掉"各种各样的东西。比如我们把糖或盐放到水里去后,没过多久,糖或者盐就会消失不见,爸爸说这是水溶解了糖或者盐。不过等水分蒸发干了,糖分盐分又都会出来的。所以会不会由于雨水里溶解了各种杂质,接着碰到纸张后被纸张吸收了;等把纸张晾干了,里面的杂质也就留在了纸张上面;这样就造成了沾到水的纸张和没有沾到水的纸张含有的成分不相同。由此练习纸的表面就会变得歪歪扭扭,看上去皱巴巴的。

思考二

有可能是因为生煎里的汤油并没有全部溅到报纸上面的关系。如果有更多的油被沾到报纸上，会不会让报纸也变皱呢？我有一次在下毛毛雨的时候，手里正好拿着报纸，毛毛雨的雨滴也是沾到了报纸上，但我并没有发现手上的报纸有变皱的情况。所以其实是因为油量不够，如果油量足够的话，也可以让报纸变皱。当然根据毛毛雨没有让报纸变皱的情况，我也可以怀疑是因为报纸和练习本的纸张不一样，报纸的纸质，无论是水还是油都不能让它变皱。这个就需要通过具体的实验来验证推导了。

思考三

生煎里的油是滚烫滚烫的，而雨水则是凉凉的。这会不会是因为温度的关系呢？我们平时使用电熨斗来把皱褶的衣服熨平，工作时电熨斗的温度也是非常非常高的，所以我觉得高温就是皱褶的克星。当滚烫的汤油沾到报纸的时候，它抑制报纸变皱。正好相反的是，雨水感觉凉凉的，所以它不能抑制褶皱，因此我的练习本就变得凹凸不平的了。

思考四

还是因为水和油本身的性质不同。我平时在家里的玻璃台面上，如果积水不多的话，看到水会呈现一滴一滴水珠的样子。但我从没在玻璃台面上看到过小油珠，一般看到的都是一层薄薄的油膜。还有我看到家里垫油桶的报纸浸满了油，但是报纸没有发"胖"。可是垫水盆的报纸就不一样了，浸满了水后，它就会胀大开来，看上去胖胖的。会不会是因为沾水的地方会发胖，而不沾水的地方则保持正常，这样就让纸张凹凸不平了。

我的验证过程：

针对思考一：其实我很难证明是雨水里面有什么东西让纸张变皱。因为我都不知道雨水里有些什么东西。但是爸爸告诉我一个窍门，有时候如果不能证明"成立"，那就证明"不成立"。所以只要不含杂质的纯净水也能让练习纸变皱，那思考一中的假设就不成立了。

所以我把纯净水滴在了练习纸上，等水干后，我可以明显地发现练习纸也变皱了。所以思考一中的假设是不成立

的（图8-9-1）。

针对思考二：我其实还是沿用思考一的思路，用实验来证明它的不成立。我将食用油完全浸润练习纸后，除了因为油迹让颜色变深外，可以看到其平整度依然和正常的练习纸一样，由此就可以确认不存在所谓"量不够"的问题。而针对报纸特性的怀疑，我滴了几滴纯净水后，发现报纸也是会变皱的。所以根据以上两项，可以得出思考二也是不

成立的（图8-9-2）。

针对思考三：不严格地说，其实思考二里的实验已经间接地证明了思考三也是不成立。因为思考二里使用的食用油是冬天常温下的，并不是加温后的热油。所以温度并不是一个原因。为了更严格地来论证假设不成立，我又把热开水滴在了练习纸上，我发现热开水还是能让练习纸变皱的。所以温度在这个问题上也没什么影响。因此思考三依然是不成立的（图8-9-3）。

针对思考四：通过对以上三个思考的论证，排除了一些相关的可能性。我们把问题聚焦到了"水"和"油"的本身性质上来。

爸爸说我的观察挺仔细的。水能在玻璃上呈现小水珠的样子而油却不能，这说明水的表面张力比油大。

什么叫表面张力呢？任何液体都有自动收缩成球体的趋势，我们把这种存在于液体表面，使液体表面收缩的力统称为液体的表面张力。

所以当水与油同样被纸张吸收后，由于有表面张力的存在，纸张里的水还是有收缩成球体的趋势，这样也就会让纸张也相应地弯曲起来；而油却不同，它的表面张力很小，哪怕在空气里，玻璃板上的油液在重力作用下，也不是收缩成球体，依旧是油膜的状态；这样对应到纸张里，也基本能让其保持平整状态。

思考四里还有一个纸张遇水膨胀的观察，其实这应该也是一个原因。爸爸说纸张里主要有的是植物纤维。纤维有吸水膨胀的特性，所以当纸张沾到水后，里面的细小纤维就会开始膨胀，而没有吸到水的纤维依旧保持原样。这样就形成了纸张表面的不平整。按照这个说法，我们可以理解为，当整张纸都被水浸润后，其实里面的植物纤维是同比例膨胀的，因此纸张反而能够显得平整了。

于是我们做了纸张浸润实验，确实如推论所说，纸张完全沾水后，又会显得平整了（图8-9-4、图8-9-5）。

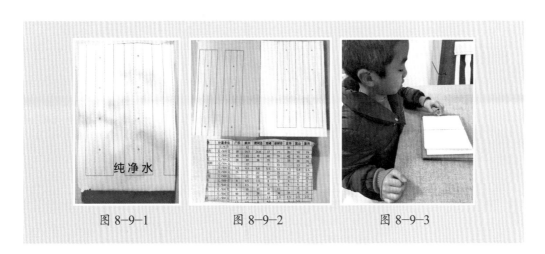

图8-9-1　　　　图8-9-2　　　　图8-9-3

图 8-9-4　　　　　　　图 8-9-5

我的结论：

　　纸张遇到"雨水"变皱，而遇到"油"依旧平整的主要原因有两个。一个是因为水的表面张力比油大，更加容易让纸张变形。另一个是纸张吸水后会膨胀，由于各部分膨胀的程度不同，也会让纸张变得不平整。

2018级（2）班　刘禹昊

10. 水可以倒流吗？

我怎么会想到这个问题的：

我今年七岁了，学校的老师告诉我们"你们已经长大了"，是的，我已经长成大朋友了，再也不是那个幼儿园撒娇的小宝宝了。平日里，爸爸妈妈工作都很辛苦，尤其是妈妈，家里的家务经常是妈妈来完成的。所以，我经常想，我要是能做一点力所能及的家务活，那妈妈岂不是可以轻松一点了吗？于是，我经常在家帮妈妈叠一叠被子、衣服等。

有一天，我跟妈妈说："妈妈我来帮你刷碗吧，我长大了，你不用担心碗会碎掉或者刷不干净。"在我的坚持下，妈妈很欣慰地同意了。我把要洗的碗和筷子放入池子里，放入洗洁精，打开水龙头，这时候，一个问题突然出现在我的脑海："水是沿着龙头向下流，那水能不能倒着流呢？"

 ## 关于这个问题我的**思考**是：

思考一 我们所在的地球，有重力存在，所以水在重力作用下是由高处往低处流的。

通过查阅资料，我们知道有质量的物体在万有引力（重力）的作用下，会从高处落到地面，水也一样（图8-10-1）。

图 8-10-1

思考二 如果没有重力作用，比如在外太空，那水还会往低处流吗？

2009年初，一位日本的宇航员向公众表明太空中能够完成驾驶飞毯、叠衣服和滴眼药水等活动。眼药水在太空失去重力作用的时候，没有像在地球上一样向下流出。

思考三 除了重力作用会影响水的流向外，还有没有其他的作用力让水改变流动的方向呢？答案是肯定的，比如毛细管作用。

我的验证过程：

第1步，如图8-10-2（a）纸张用剪刀分成两份，其中一份折叠长条。

第2步，如图8-10-2（b）长纸条用水彩笔间隔标记。

第3步，如图8-10-3（a）开口瓶导入适量水。

第4步，如图8-10-3（b）观察纸条放入瓶中前状态。

第5步，如图8-10-4（a）将彩纸条放入瓶中，固定。

第6步，如图8-10-4（b）观察纸条变化，水向上倒流。

实验中由于纸张纤维中有很多微小空隙，使它具有吸水性，纸条上部干燥的部分不断吸收水，从而发生水倒流，这是由于毛细管作用力克服了重力作用造成的。

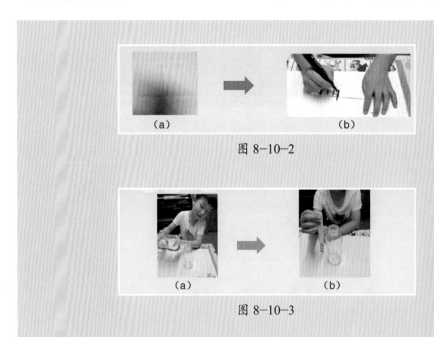

（a） （b）

图 8-10-2

（a） （b）

图 8-10-3

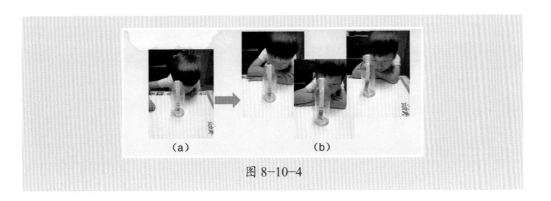

（a）   （b）

图 8-10-4

我的结论：

1. 水在重力作用下，从上向下流。

2. 水在失重状态下（比如太空），不会向下流动。

3. 经实验验证，水在毛细管作用力下克服重力作用，可以实现由下而上的流动。

2018级（4）班　李承熙

11. 为什么镜子里的图像和现实是相反的，而不是一致的呢？

我怎么会想到这个问题的：

妈妈早上经常在梳妆台前化妆。我发现现实生活中妈妈一直都是用右手拿口红，可是从镜子里面看，妈妈却总是用左手拿着那支口红。我学妈妈照镜子，发现也是这样（图8-11-1）。我觉得这个现象非常奇怪，这是为什么呢？后来我又发现在生活中其实有许多类似的现象，比如在手机屏幕、电脑屏幕、玻璃等物品上也有这样的现象发生，这又是为什么呢？

于是，我开始观察身边每一个跟镜子有关的物品，我发现生活中其实还有其他各种类型的镜子，如哈哈镜、望远镜、汽车后视镜等。后来爸爸告诉我，镜子的应用原理与光的反射有关，镜子之所以可以成像就是因为镜子有一面不透光，光线传播到镜子上以后可以反射回来到自己的眼睛，这样你站在镜子前面就可以看到反射回来的光线和图像了。爸爸告诉我要努力学习才能真正地弄清楚镜子的应用原理，才可以将镜子有效地应用在生活的方方面面。

图 8-11-1

关于这个问题我的**思考**是：

思考一

如果在我们面前放多面镜子，会怎么样呢？会不会在镜子里出现好几个自己呢？

思考二

在实验中如果我们使用的镜面是不平整的，会看到怎样的自己呢？

思考三

在一个黑暗的屋子里放一面镜子能看到什么呢？

我的**验证**过程：

1. 针对思考一，实验证明可以在镜子里看到多个一模一样的自己。

如果是一块完整的镜子，你在镜子里就可以看到自己完整连续的图像。如果打碎这块完整的镜子，它分裂成许多块的时候，往往可以看到很多个不同的自己。即使把碎片拼凑成原来的完整形状，由于每块碎片都是不相关联的（每块碎片成像是相对独立的，而不是原先连续完整的）。这时候我们看到的图像也就不是完整的一个，而是多个了，如图8-11-2。如果在我们面前放几面镜子，就好像一块完整的镜子被打破成几块，这时候就可以看到几个自己了。

2. 针对思考二，在实验中发现如果我们使用的镜面是不平整的，会看到变形后的自己，与自己的现状不太一样，会出现大小、胖瘦上的变化，如图8-11-3。

这是由于镜子表面造成的变形现象，哈哈镜就是这样一种直观的表现。镜子分平面镜和曲面镜两类。我们平常用到的大部分是平面镜；曲面镜又有凹面镜、凸面镜之分。手电筒、反射望远镜、汽车后视镜都是曲面镜的实际应用。手电筒是利用凹面镜原理得到平行光的。凸面镜有扩大视野范围的作用，汽车后视镜就是凸面镜。

3. 针对思考三，我们在实验中发现在一个黑暗的屋子里放一面镜子，我们实际上什么也看不到。

根据光的反射原理，在黑暗的屋子里没有光，所以也就看不到任何东西了。监视器的摄像头也是一种镜子，可是有的摄像头在黑暗的屋子里却可以记录下来一些图像和视频，这又是为什么？实际上监视器的摄像头如果是普通摄像头，在黑暗的房间里也是什么都看不见，如果是红外摄像头，就可以看得见。普通摄像头是对可见光有效，在可见光下对物体扫描成像。一旦没了可见光光源，就什么也看不到了。红外摄像头是红外灯发出红外线照射物体，红外线漫反射，被监控摄像头接收，形成视频图像。红外线是一种不可见光，不为人眼所看见。

如图8-11-4，在没有可见光的地方，红外摄像头上的红外灯发出红外线，扫描监视范围内的物体并成像。

图 8-11-2

图 8-11-3

图 8-11-4

我的结论：

镜子是日常生活中非常重要的一种用品，了解镜子的原理非常重要。我们通过照镜子将自己打扮得更漂亮，另外在房间里合理地布置镜子，会神奇地从感观改变房间空间大小。除此之外，镜子还有许多其他方面的用途，如手电筒、反射望远镜、汽车后视镜、摄像头等。镜子的主要原理是光学中光的反射原理，光线照射到人或物品上以后被反射到镜面上，镜子又将光反射到人的眼睛里，因此我们看到了人或物品在镜中的虚像，这就是镜子对光的反射。

2017级（4）班　皮曼琪

12. 照相机的原理是什么？

我怎么会想到这个问题的：

寒假里爸爸妈妈和我一起去动物园玩，爸爸拿出照相机给我们拍了很多照片。照相机为什么可以拍照呢？爸爸告诉我最古老的照相机的原理是小孔成像。

什么是小孔成像原理呢？能不能通过一个实验，验证这个原理呢？

 什么是小孔成像原理？

如图 8-12-1，由于光是沿着直线传播的，当一个燃烧的蜡烛通过一个带着小孔的挡板的时候，可以在挡板的另一侧形成一个倒立的蜡烛"影子"。

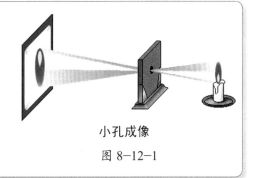

小孔成像

图 8-12-1

 小孔成像实验过程：

实验用品：如图 8-12-2，长方体的纸壳、锡纸一张、磨砂塑料一张、蜡烛一支、皮筋两个、打火机一个。

实验过程：

1. 将锡纸和磨砂塑料分别使用皮筋固定在长方体纸壳的两端，用针在锡纸上扎一个小孔。如图 8-12-3，一个最简易的"照相机"就制做完成了。

2. 如图 8-12-4，关灯，保持黑暗的环境，点燃蜡烛，确保蜡烛的芯与小孔保持同样的高度。

3. 如图 8-12-5，观察另外一侧的磨砂塑料上的确形成了一个清晰的倒立的"蜡烛"。通过移动蜡烛与小孔的距离，观察倒影的大小、明暗变化。

4. 如图 8-12-6，把蜡烛的距离调整到最佳位置，就可以看到完美的"倒立的蜡烛"了。假如再通过胶片的曝光、显影等光化反应就可以得到一张蜡烛的照片。

实验结论：

1. 蜡烛成的像是倒立的。

2. 蜡烛成的像是左右颠倒的。

3. 小孔越小，成像越清晰，但不明亮；小孔越大，成像越明亮，但不清晰。若小孔太大，就无法成像了。

4. 蜡烛离小孔越近，像越大，越暗，越模糊；蜡烛离小孔越远，像越小，越亮，越清晰。

图 8-12-2　实验用品

图 8-12-3　"照相机"制做完成

图 8-12-4　点燃蜡烛

图 8-12-5　倒立的"火苗"

图 8-12-6　我和倒立的"蜡烛"

照相机与小孔成像的比较:

尽管现代的数码相机结构非常复杂，涉及很多物理原理，但最重要的原理还是小孔成像原理。比较照相机的主要部件和小孔成像的实验，你就会发现两者的相似点。

1. 镜头：近似于小孔，但相机使用的凸镜聚光效应更好。

2. 光圈：控制小孔的开启大小，影响明亮度、清晰度。

3. 快门：控制小孔的开启时间，影响明亮度、清晰度。

4. 焦距：近似于小孔与屏幕的距离，影响视角大小、景深大小。

要想拍出一张完美的照片，就要把这些因素都要考虑进去。理解了小孔成像的原理，你是不是也想动手拍一张完美的照片呢?

2017级（4）班　王博涵

13. 为什么有的东西会浮在水面上，有的东西却会沉下去？

我怎么会想到这个问题的：

大家都知道轻的东西浮在水面上，重的则沉在水底。

学游泳的时候我总会沉到水里，是否说明我比水重。但为什么有的人能浮在水面上，人究竟比水重还是比水轻？如果人比水轻，为什么需要学游泳才能浮起来？如果人比水重，为什么会游泳的人不会沉下去？如果能研究清楚这个问题，我是否能更容易学会游泳。

关于这个问题我的思考是：

思考一 重的东西会沉到水底，是不是就没有受到浮力的影响？

浮力是在液体中的物体受到竖直向上托的力，实质是物体上下表面受到液体的压力差，下表面的压力减去上表面的压力就是浮力大小，它恰好等于物体排开的那部分液体的重力，也就是阿基米德定律。

所以物体只要入水就会受到浮力的影响。

思考二 假如在深水区学习游泳，那里水更多、更重，是不是比在浅水区更容易浮起来？

同一个水池中，深水区、浅水区浮力是一样的。水的浮力只和水的密度有关。深水区水只是总量大，密度和浅水区并没有区别。所以不存在深水区浅水区哪边浮力更大的说法。

思考三 为什么人学会游泳后就不会沉下去？

人的密度跟水的密度差不多，至于到底是大还是小还得论人，这时影响人浮沉的是肺里的气和手脚排水动作产生的升力。

其实不会游泳的人只要按正确的呼吸方式，即使不动也不会完全沉到水里。因为肺就像一个充气的救生圈，尽管不会游泳，但是在水中只要不慌，深呼吸一口憋住，就怎么也沉不下去。要是把肺里的气全呼出来，就会沉到水底。

但不会游泳的人一下水就会紧张，肌肉会绷紧，这些都是很难控制的本能。会游泳的人在水中会习惯性全身放松，再加上些简单的动作增加浮力，就不会沉了。

思考四 钢铁比水重，为什么钢铁做的船却能浮在水面上？

船虽然是由钢铁建造的，但船舱有很大一部分是空的。物体在水中受到的浮力等于它所排开水的重力。而轮船所排开水的重力足以与它自身的重力平衡，所以轮船能漂浮在水面上。

简单来说，与水平面以下船体体积相同的水的质量，等于整艘船的总质量。

如果整艘船的总质量比同体积的水更重，船就会沉没。

我的验证过程：

1. 如图 8-13-1，拿一块我们平时用的橡皮，将橡皮和硬币放入水中，它们各自迅速沉到水底，但由于浮力的影响，速度明显慢于在空气中自由下落的速度。

2. 如图 8-13-2，拿一个透明塑料盒，量出底边长度为 11.1 厘米 ×16 厘米，并在盒子边做出高度 2 厘米刻度。

3. 如图 8-13-3，在塑料盒中加入两块橡皮和若干硬币，称重为 241 克。

4. 由于水的密度为 1 克 / 立方厘米，241/（11.1 × 16）=1.357，所以理论上水平面应该在刻度 1.357 处。

5. 如图 8-13-4，将塑料盒连同配重放入盛满清水的盆中，发现盒子并没有因为硬币和橡皮的加入而沉入水中，水平面在刻度 1 ~ 1.5 厘米，更贴近 1.5 厘米，与理论值近似。

图 8-13-1　橡皮和硬币沉入水底

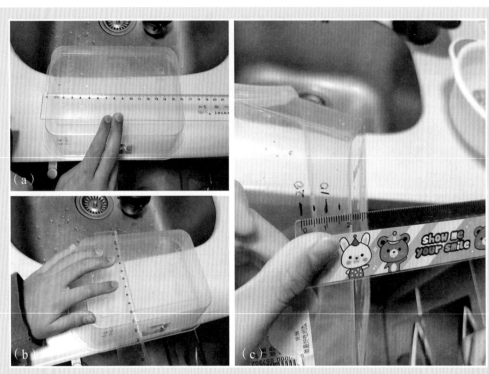

图 8-13-2　测量塑料盒尺寸并标注刻度

图 8-13-3　称重塑料盒与配重的总质量

图 8-13-4　塑料盒浮在水面上

我的结论：

通过实验，我们能验证相对密度比水更重的物体，在水里也会受浮力的影响。同体积下，比水轻的东西会浮在水面上，比水重的会沉入水底。

2017级（5）班　唐天曜

14. 为什么筷子插入水中之后从侧面观察会变弯曲?

我怎么会想到这个问题的:

在生活中有很多奇怪的现象与光线有关,例如:有很多老年人患有老花眼,平时看事物很不方便,但是佩戴上合适的老花镜后,老年人就会很清晰地看到近处的东西;还有现在很多同学和成年人由于各种各样的原因,眼睛患上了近视这种眼疾,给生活和工作造成了很多不方便,但是戴上合适的近视眼镜之后,人们也会发现视线立刻清晰。无论是老花镜还是近视镜,佩戴之后都极大地方便了人们的学习生活。但是也有一些实例会给人们的工作生活造成一定的困难,比如:当渔民们用鱼叉捕鱼的时候,如果直接用鱼叉捕鱼,往往发现鱼叉上空无一物,并没有捕捉到鱼,让人大失所望;当然还有些其他的自然现象,比如海市蜃楼、美丽的七色彩虹(图8-14-1)等,为什么会出现这些奇怪的光学现象呢? 我一直在思考这些现象背后的原因和科学道理。

图 8-14-1　美丽的彩虹

关于这个问题我的思考是:

思考一
是不是所有的材料在同一种材质(水中)都会发生弯曲现象?

思考二
相同的物质在不同温度的材质中是不是同样会发生弯曲?

思考三
相同的物质在不同材质中弯曲的效果是不是一样?

我的验证过程：

思考一的验证：

为了验证是不是所有的材质在同一种材质中都会发生弯曲现象，我选取了水为传播介质，采用了木质筷子、竹质筷子、金属调羹还有塑料吸管等四种材料作为实验样品。将实验样品插入玻璃杯之后，采用拍照的方式记录水中的成像情况。

由图8-14-2可以清楚地看到在空气与水的接触处样品发生了显著的弯曲现象，由此可以得出结论：不同材质的样品在空气与水的交界处都会发生弯曲现象。

思考二的验证：

为了验证思考二的设想，我选取了60℃和20℃的相同水源的矿泉水作为传播介质，相同的竹制筷子作为样品，拍摄了照片。由图8-14-3可以看出，在不同温度的水中，筷子在空气与水的交界处依然存在弯曲。

思考三的验证：

证明了上述两个思考之后，我又设计了一个实验来验证思考三，就是分别采用室温（20℃）的亚麻籽油和矿泉水来对照验证。如图8-14-4所示，由图8-14-4可以清楚看到，金属调羹在水和亚麻籽油中都发生了明显的弯曲现象，而且由于油和水材质的不同，金属调羹在这两种物质中的弯曲效果是不一样的，这说明传播介质的种类也会影响光线弯曲的效果。

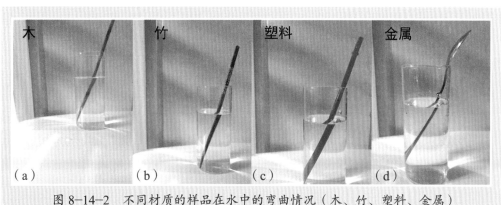

图8-14-2 不同材质的样品在水中的弯曲情况（木、竹、塑料、金属）

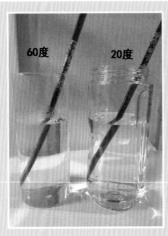
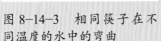

图 8-14-3 相同筷子在不同温度的水中的弯曲

图 8-14-4 样品在水和亚麻籽油中的弯曲

我的结论：

原来我以前一直思考的问题都是因为光线弯曲的原因造成的。光线的弯曲在一定温度内是客观存在的，而且传播介质不同，其弯曲效果也不同。

我在爸爸妈妈的鼓励和帮助下，通过百度搜索和查阅文献，了解到了这种弯曲现象叫作光线的折射，是一种物理现象，物理真的好有意思！

2016级（1）班 卢静滢

15. 为什么自己听到自己说话的声音和从录音里听到自己说话的声音不同？

我怎么会想到这个问题的：

最近我参加了一些课外活动，需要录制小视频并上传给指导老师。我在完成这些学习任务的时候，一般都是自己先读几遍相关的材料，然后录制带声音的小视频再上传。每次录音结束后，我都会检查一遍，一是检查录制的内容是否有问题，二是看看自己哪里可以改进。但是我发现听到的视频里自己的声音和我说话时听到的自己的声音不一样。我问爸爸妈妈："你们听我说话的声音和视频里播放的我说话的声音一样吗？"他们说是一样

的。我觉得这是一个很奇怪的现象。我又问爸爸妈妈为什么我听到的不一样呢，他们回答我说可能是声音传播介质的问题。可是我听不太明白他们说的介质到底指的是什么，这个真的会影响听到的声音吗？我还是做一些实验了解一下吧！

我想了解的两个问题：

1. 声音经过不同介质传播后，听到的音质是否有所不同？

2. 声音在不同介质中传播的速度是否相同？

关于这个问题我的思考是：

思考一

声音可以在所有的物体里传播。声音通过固体（例如木头、钢铁、骨骼）、液体（例如水）、气体（例如空气）传播后的音质一样。

思考二

声音在固体、液体、气体中传播的速度相同。

我的验证过程：

验证思考一：声音在固体、液体和气体中传播后的声音音质相同。

实验过程：

准备一个迷你音响、半碗水和一本字典。

打开迷你音响，把它的喇叭一面紧贴在字典上，耳朵贴在字典的另一面，仔细听（图8-15-1）。

打开迷你音响，用塑料袋包裹在音响外面，放入水中，耳朵贴在碗边仔细听（图8-15-2）。

将迷你音响直接放置于桌面上，用耳朵仔细听。

发现：音响播放的同一首歌曲，通过字典听到的声音与通过水听到的声音与直接通过空气听到的声音音质不同。

所以思考一不正确，声音在不同介质中传播后的音质不相同。

验证思考二：声音在固体、液体、气体中传播的速度相同。

物理学史上著名的实验之一是1827年在日内瓦湖进行的第一次测定声音在水中的传播速度的实验。实验时两只船相距14 000米，在一只船上实验员往水里放一个可以发声的钟，当他敲钟的时候，船上的火药同时发光；在另一只船上，实验员往水里放一个收音器，该实验员看到火药发光后10秒接收到水下的响声。因此，声音在水中的传播速度约为1 400米/秒，约是声音在空气中传播速度的4倍。

同样，如果要测量声音在固体如钢铁中的传播速度，需要准备一根很长很长的铁棍，重复上面的测定步骤。

爸爸妈妈告诉我，声音在不同介质中的传播速度不同，在钢铁中传播最快，其次是在水中，在空气中传播最慢。

图 8-15-1

图 8-15-2

我的结论：

我们自己说话的声音和经过录制后传出的声音在其他人听起来都是经过空气传播的，音质是一样的；而自己听到自己发出的声音有一部分是通过骨骼传到耳朵里的，和通过空气传播后的声音音质不同。此外，声音在不同介质中的传播速度是不同的，在固体中最快。

2016级（2）班　郭子萌

16. 暖宝宝为什么会自己发热呢?

我怎么会想到这个问题的:

每年冬天,妈妈总会买很多暖宝宝贴在衣服里,暖宝宝会发出热量,并使我们的身体变得非常的暖和。妈妈时常也给我贴上一张,于是我对暖宝宝产生了强烈的好奇。一次,我趁着妈妈不在,偷偷地剪开了一片暖宝宝,发现里面只有黑色的砂粉,其他什么都没有,我感到一阵失望和不甘心,后来害怕被妈妈发现后责备我,又偷偷地把它扔掉了。不过一直没搞明白暖宝宝为什么会发热的我,找到了爸爸,和爸爸一起对暖宝宝的发热原理进行了探究。

关于这个问题我的思考是:

思考一 暖宝宝主要的发热源是包装在里面的黑色砂粉,那黑色砂粉到底是什么成分呢? 它自己又怎么会发出热量呢?

原来暖宝宝中的黑色砂粉主要由铁粉、活性炭、蛭石、水、盐等材料构成。之所以能够自发热,主要是通过铁粉接触空气后发生氧化,在氧化的过程中不断地释放热量所造成的。而活性炭、蛭石能帮助铁粉均匀氧化,水和盐能加速铁粉氧化,是铁粉氧化的催化剂。

思考二 既然暖宝宝自己就能发热,那为什么不撕开外包装,它就不会产生热量呢?

暖宝宝之所以在没有撕开外包装前都是"冷宝宝",那是因为暖宝宝都是真空包装的,隔绝了外部的空气,前面已经说过暖宝宝的发热原理是通过铁粉和空气进行氧化从而释放热量,而没有接触到空气之前,铁粉是不会被氧化的,也就是说,它不会自主发热,因此暖宝宝在没有被撕开外包装前,也只能做个"安静的宝宝"了。

思考三 暖宝宝除了可以温暖身体用,还有什么用处呢?

暖宝宝除了可以取暖用,还可以用于快速缓解并消除关节炎、肩周炎、腰腿痛、风湿及类风湿、四肢发凉,对手、脚冻伤,骨伤,肌肉损伤等症状具有良好的消肿止痛功能。除了可以消除病痛外，用过的暖宝宝拆开后可以用作除臭、吸湿和种植物的肥料等。

我的验证过程：

一、实验证实暖宝宝中是否含有铁粉。

为了证明暖宝宝中含有铁粉，我用剪刀剪开了一包暖宝宝（图8-16-1），用磁棒缓缓靠近倒出的黑色砂粉，黑色砂粉被磁棒吸了起来（图8-16-2），看来暖宝宝中主要的成分就是铁粉。

二、实验证实是否可以作为除臭剂。

暖宝宝由于内部含有活性炭，因此还具有除臭和吸潮的作用。我把用过的暖宝宝塞进"臭"鞋子里（图8-16-3），第二天再取出，鞋子味道明显好了很多。

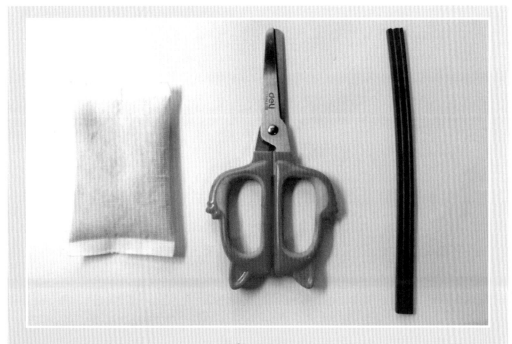

图 8-16-1

图 8-16-2

图 8-16-3

我的结论：

　　暖宝宝之所以会自己发热是因为它主要是由铁粉、活性炭、蛭石、水、盐等材料制成。由于铁粉在接触空气的时候会自然氧化，在氧化的过程中放出大量的热量，也就是说暖宝宝通过其内部铁粉和空气的化学反应转化为热能，因此暖宝宝才能自己发热。实验二还证实了用过的暖宝宝还可以作为除臭剂使用，效果明显。

2017级（5）班　王馨云

17. 天气瓶是靠什么原理来表现天气现象的？

我怎么会想到这个问题的：

　　我很喜欢植物，买了一些盆栽放在家中，有多肉植物、绿萝、水仙等。今年冬天，我跟爸妈回老家一趟，回家后却发现除了水仙外，我的宝贝都奄奄一息。难道是缺水吗？我不禁心生疑惑。爸爸妈妈说，"应该是天气太冷的缘故吧！因为多肉和绿萝都怕冷，今年冬天很冷，家里没人，所以被冻坏了。"我想了想又问道："那我们能不能弄个什么东西测定房间里的温度呢？""这个主意不错。"爸爸说。于是我和爸爸一起在网上查阅，终于找到一种有趣的东西——天气瓶。它既有漂亮的外观又能随外界的温度变化，让我感觉很神奇！"我们能够自己动手做一个吗？"我问爸爸。爸爸想了想说："也许可以试试。"然后让我在百度上搜索一下配方。上面说了几种原料，其中一种关键原料是硝酸钾，但是网上说硝酸钾是管制药品，很难买到，那么我们能成功吗？

关于这个问题我的思考是：

思考一 根据网上的制备原理，可以用其他钾盐代替硝酸钾制备天气瓶溶液吗？

　　根据网上的资料，我发觉天气瓶中溶液的变化是利用不同物质的溶解度随着温度的变化而改变的原理：在高温下溶解，低温析出，生成晶体结构。硝酸钾的溶解度较大。因此随温度变化溶解度变化也较大，所以被当作首选，那么用其他的钾盐原则上应该有类似的效果，可能只是具体的配比需要调节。不过网上的配方是否可靠？这个有待通过具体实验来验证。

思考二 网上的配方可以调整吗？制备过程中有哪些注意事项？

　　要实现天气瓶对外界温度的响应，网上配方列出了三种化学成分，氯化铵、硝酸钾、樟脑。那么这三种成分是必需的，还是可以被替代或者取消。特别是樟脑，它是一种化学品，具有很强的刺激性气味，它是必需的吗？另外网上的配方单一，能否调整其组成来改变天气瓶的响应温度？这些问题网上都没有答案，需要我们自己来验证。

思考三 是否可以调节天气瓶中溶液的颜色变化，做出新的特色？

网上的天气瓶都是在透明的溶液里面漂浮着白色晶莹的晶体。如果能够变化不同的色彩，就更有意思了。网上说，通过添加不同的染料可以获得不同的溶液颜色。但是我发现有些盐类物质也是有颜色的，如铜盐是有颜色的，那么是否可以加入盐来改变天气瓶溶液的颜色呢？而这又需要我们具备什么样的知识呢？我带着疑惑和憧憬进行了验证。

我的验证过程：

我购买了家用樟脑丸来代替樟脑，然后让爸爸帮忙准备了氯化钾、氯化铵、无水酒精（乙醇）和纯净水以及一些烧杯和瓶子。如图 8-17-1，按照网上的配方：氯化钾 2.5 克，氯化铵 2.5 克，樟脑 10 克，乙醇 40 毫升，蒸馏水 33 毫升。先把两种盐称好溶解在水中，然后再加热把樟脑溶解在乙醇中。一切准备就绪，根据网上的说法，只要把樟脑的乙醇溶液加入盐的水溶液中就成功了。

见证奇迹的时刻到了，混合后溶液全部变白，固体颗粒析出，就像一堆石灰石沉入水中。我懵了，实验失败，网上的配方是假的。我找爸爸一起分析原因。爸爸想了想说应该是樟脑太多的缘故。因为樟脑在水中溶解度很低。两种溶液混合时，樟脑从溶液中析出。于是我问，是否一定要加樟脑呢？爸爸说他也不清楚，要我自己试试。于是我重新配置了混合盐溶液，然后直接加入乙醇，

结果什么变化都没有。实验再次失败。爸爸又对我说，那你把水加入樟脑的乙醇溶液中看看有什么现象。于是我把水小心地滴加到樟脑的乙醇溶液中，里面立刻有白色沉淀产生了。我接着又发现，如果不加入水而是降低樟脑乙醇溶液的温度，在冷却过程中溶液中也会有白色晶体漂浮在表面。哦，我明白了。原来问题的关键是加入了樟脑。樟脑在乙醇中的溶解度随温度改变而改变，降低温度后，樟脑会形成晶体从溶液中析出。既然樟脑是天气瓶成因的关键，那么为什么要加水或者盐溶液呢？爸爸说，加水安全而且比较环保，但是应该还有别的原因吧！

于是我仔细观察了樟脑的乙醇溶液冷却后析出来的晶体形状和加水后樟脑的乙醇溶液中析出的颗粒并与网上的图片进行对比。冷却析出的为片状的晶体，漂浮在表面，加水形成的是白色的固体，

而天气瓶中是类似羽毛状的晶体沉没在瓶子的中下部。因此我猜想，加盐溶液应该是为了改变析出的晶体的形貌，同时保证析出的晶体不会漂浮在溶液表面。明白了这个道理，我重新开始了制作天气瓶的实验过程。

我重新配置了混合盐溶液，并在室温下用乙醇溶解樟脑5分钟，减少溶液中樟脑的含量。然后取出一定量的混合盐溶液，按照4：1的比例加入樟脑的乙醇溶液，立刻有沉淀生成。然后我把烧杯放在60℃的热台上加热。同时一边用滴管缓慢加入乙醇，一边轻轻晃动。终于我得到了均匀的透明液体。然后我取出溶液放在窗台外冷却，随着时间慢慢流逝，我看到溶液中有亮晶晶的颗粒形成。"爸，我成功了！"我开心地说。爸爸赞许道："不错，不过你觉得配方还可以调整吗？你不是想让它可以对不同的温度有响应吗？"我想了想说，"是的，如果我继续加入乙醇的话，溶液的响应温度会进一步降低"。如图8-17-2，在多次尝试下，我终于做出了几个漂亮天气瓶。真是辛苦而又充实的一天！

那么做点不同颜色的天气瓶吧！这次我又让爸爸去弄了一点染料溶液。我信心满满地用滴管取出几滴染料溶液，加入前几天做好的天气瓶中。让人惊讶的事情发生了，加入染料溶液后，没有得到我想要的结果。天气瓶中溶液的颜色没有改变，但是晶体的颜色开始缓慢改变，并且晶体开始逐步下沉。为什么会这样呢？我的心一凉。爸爸也很惊讶，

疑惑地说："难道是因为你加入顺序的缘故？"既然已经这样了，有什么办法改变吗？难道要重新再做？我有点犹豫。突然我灵感一现，有了，我把瓶子重新加热，然后再去冷却会怎么样呢？第二天下午回家，我得到了一个好消息。均匀的溶液和晶体又重现眼前，见图8-17-3（a）～（c）。

除了染料之外，随后我又在新配置好的天气瓶溶液中加入几滴硫酸铜溶液［图8-17-3（d），图8-17-3（e）］。硫酸铜溶液是蓝色，但是我无意中发现，新配置的热溶液加入硫酸铜溶液后，溶液好像带有黄色，而且随着时间的变化，溶液颜色好像发生了变化。于是我又重复了数次，发觉确实如此，这让我觉得很惊讶。但是原因我百思不得其解，就连老爸也没了主意。

为寻找答案，几天后，我再次进行实验（图8-17-4）。首先我把少量硫酸铜溶液分别加入氯化钾、氯化铵以及两者混合的水溶液中，我想看看颜色是否与氯离子有关。但是混合后溶液的颜色与硫酸铜溶液一致，没有变化。这让人非常奇怪，那么天气瓶中的颜色变化是怎么来的呢？无奈中，我随意在混合溶液中再加入一些氯化钾，提高其比例，并试着通过加热来加快溶解过程。突然我发觉，瓶子底部好像出现了黄色，这个发现让我很惊讶。于是我重新配置硫酸铜溶液，加入氯化钾并加热溶解，果然在底部发现黄色液体。等到氯盐全部溶解后，并维

持一段时间，溶液变成了黄绿色。随后我把溶液放置在一边，等待它慢慢冷却。果然随着温度慢慢降低，溶液颜色变成绿色。多次重复之后，我确定了上述变化，并开心地告诉老爸。在爸爸的帮助下，我们一起查阅了百度，终于找到了原因。硫酸铜溶于水后会形成蓝色的水合铜离子 $[Cu(H_2O)_4]^{2+}$。在高温下，部分水合铜离子会与氯离子反应生成 $[CuCl_4]^{2-}$ 络合离子，后者为黄色，见反应式（1）。当两者共存时，黄色和蓝色溶液混合时会形成绿色的溶液。由于不同的温度条件下形成的 $[CuCl_4]^{2-}$ 络合离子含量不同，所以这就是我观察到温度变化后，溶液颜色发生变化的原因。

$$[CuCl_4]^{2-}+4H_2O \rightleftharpoons [Cu(H_2O)_4]^{2+}+4Cl^- \qquad (1)$$

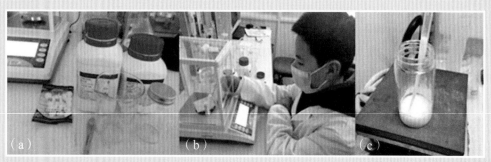

图 8-17-1　原料、称量原料及溶液混合后的照片

图 8-17-2　制备的不同的天气瓶

（a）加入染料　　（b）溶液1　　　（c）溶液2　　　（d）（e）分别加入不同染料
溶液　　　　　　　升温溶解　　　　冷却

图 8-17-3　加入染料后的溶液

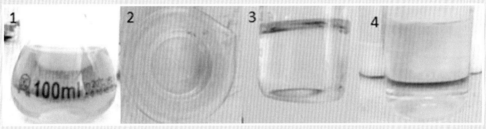

（a）硫酸铜溶液　　（b）少量硫酸铜溶　　（c）溶液2加入少　　（d）溶液3加热升
　　　　　　　　　液加入氯化钾溶液　　量氯化钾，开始　　温溶解
　　　　　　　　　　　　　　　　　　加热溶解

（e）（f）（g）天气瓶中加入几滴硫酸铜溶液后，温度从高到低时，
溶液的颜色变化

图 8-17-4　不同溶液的颜色

我的结论：

首先，网上的知识不一定全部正确，需要自己验证。简单的现象背后也许蕴含着有趣的科学知识。其次，在化学实验中实验步骤的顺序很重要，会影响实验的结果。最后，实践是最好的老师，通过实践学会分析问题和解决问题。展开丰富的想象，就会有新的收获。

2015级（4）班　杨乐成